综合能源系统

Integrated Energy System

曾 鸣 王永利 张 硕 曾 博 刘英新 著

中国电力出版社
CHINA ELECTRIC POWER PRESS

内 容 提 要

　　构建综合能源系统是"建设清洁低碳、安全高效的现代能源体系"的题中应有之义。本书重点介绍综合能源系统相关理论，包括综合能源系统规划及运行优化理论、市场交易机制、效益评估体系、综合能源服务的商业模式、综合能源系统仿真平台及国内外综合能源系统建设的典型案例等六个方面内容。

　　本书适用于各级政府能源与电力主管部门的有关人员、电力及能源企业有关部门的管理决策人员，以及有关研究人员参考使用。

图书在版编目（CIP）数据

综合能源系统／曾鸣等著 . —北京：中国电力出版社，2020.7（2023.8 重印）
ISBN 978-7-5198-3830-0

Ⅰ．①综…　Ⅱ．①曾…　Ⅲ．①能源管理—研究　Ⅳ．① TK018

中国版本图书馆 CIP 数据核字（2019）第 250706 号

出版发行：中国电力出版社
地　　址：北京市东城区北京站西街 19 号（邮政编码 100005）
网　　址：http://www.cepp.sgcc.com.cn
责任编辑：崔素媛（010-63412392）　柳　璐
责任校对：黄　蓓　朱丽芳
装帧设计：郝晓燕
责任印制：杨晓东

印　　刷：北京天泽润科贸有限公司
版　　次：2020 年 7 月第一版
印　　次：2023 年 8 月北京第四次印刷
开　　本：787 毫米 ×1092 毫米　16 开本
印　　张：10.5
字　　数：253 千字
定　　价：49.00 元

序　一

进入 21 世纪以来，随着我国经济的迅速发展和能源需求的大幅增长，能源发展面临资源和环境的巨大挑战。新形势下，习近平主席于 2014 年 6 月提出推动能源消费革命、能源供给革命、能源技术革命、能源体制革命和全方位加强国际合作的重要论述；党的十九大报告中进一步提出推进能源生产和消费革命，构建清洁低碳、安全高效的能源体系，为我国能源发展改革指明了方向。遵循"四个革命、一个合作"能源安全新战略，我国能源转型与革命的核心战略目标为：构建清洁低碳、安全高效的新一代能源系统，以实现最大限度地开发利用可再生能源，最高程度地提高能源利用效率，服务于国家"两个 100 年"建成社会主义现代化强国的经济社会发展战略目标，并为应对全球气候变化做出贡献。

新一代能源系统是以电力为中心，以电网为主干和平台，各种一次、二次能源的生产、传输、使用、存储和转换装置，以及它们的信息、通信、控制和保护装置直接或间接连接的网络化物理系统。与传统能源系统相比，新一代能源系统主要特征有以下四点：一是实现可再生能源优先、因地制宜的多元能源结构；二是集中分布并举、相互协同的可靠能源生产和供应模式；三是各类能源综合利用、供需互动、节约高效的用能方式；四是面向全社会的平台性、商业性和用户服务性。

然而在新一代能源系统中，单纯依靠电网改进或单一能源技术革新难以促进清洁能源的大规模发展和广泛替代，因此逐步筹划建立可再生能源为核心的综合能源基地，构建综合能源系统，实现多能源协调优化、互补互济，是推进能源转型发展的有效措施。根据我国综合能源利用的实际情况，综合能源系统可分为源端基地和终端消费综合能源系统两种类型。其中，源端基地综合能源系统是指在西部能源基地，通过水电、风电、太阳能发电、灵活煤电等多类型电源以及电力、天然气等多种能源之间的综合互补，大力推进电力外送和就地转化利用；终端消费综合能源系统则主要存在于中东部地区，通过发展基于各类清洁能源、满足用户多元需求的区域综合能源系统和清洁能源微网，推动清洁替代与电能替代，有效提高能源利用效率，降低能源消耗总量。

构建综合能源系统作为实现新一代能源系统的关键路径之一，现已成为能源电力行业关注的热点。华北电力大学曾鸣教授团队多年来致力于综合能源系统研究，此次出版的《综合能源系统》一书，以终端消费综合能源系统为重点，汇编了团队近年来在综合能源系统规划及运行优化理论、市场交易机制、效益评估体系、综合能源服务商业模式等方面的研究成果，系统梳理了综合能源系统内涵、架构、理论方法及具体案例，为科研人员开展综合能源系统领域的研究提供了理论基础，同时具有向能源电力行业从业人员普及综合能源系统基础理论、概念的重要意义，此外其对于电网公司、配售电公司等能源服务商开展综合能源服务也具有实践指导价值。

　　"雄关漫道真如铁，而今迈步从头越。"我们相信，通过政府与社会各界的不断努力，综合能源系统必将蓬勃发展，有效推动能源结构转型，提升能源效率，全面实现能源消费革命、供给革命、技术革命、体制革命的战略目标。

中国科学院院士

2020 年 5 月

序 二

自人类社会步入蒸汽时代，又从蒸汽时代迈进电气时代，每一次能源革命及与其相伴催生的重大技术都对人类的生产生活方式和世界格局产生了颠覆性的影响。能源电力行业的发展事关国家安全、经济社会发展与人民生活幸福。面对能源格局新变化、发展新趋势，习近平总书记提出了"四个革命、一个合作"的能源安全新战略。在此背景下，综合能源系统成为了我国能源系统未来转型的重要方向，发展以电能为中心的多能互济的综合能源系统有利于进一步提升用户能效、优化能源结构，是贯彻落实能源安全新战略的重要举措。

当前，我国综合能源系统发展方兴未艾。如何在综合能源系统规划与运行优化中综合考虑"源-网-荷-储"协调互动以及多品类能源协调联动的特性，实现系统的合理配置和高效高质运行？如何构建合理、公开、透明的综合能源系统市场交易机制，进一步发挥多能互补优势，满足用户可靠、清洁和高效的多元用能需求？如何对综合能源系统的社会、经济和环境效益进行评价，准确量化系统运行的综合效益？如何构建科学可行的商业模式，实现综合能源服务可持续发展？如何搭建广泛适用的综合能源系统仿真平台，通过仿真指导综合能源系统的建设与高效运行？诸如此类的问题都需要学术界和产业界不断深入研究，在实践中加以论证解决。

针对上述问题，华北电力大学曾鸣教授团队充分考虑新时期综合能源系统的价值内涵，在系统分析我国能源电力行业内外部环境的基础上，从综合能源系统理论架构、规划运行、效益评价、商业运营及仿真平台建设等多个维度开展了深入研究，并将研究成果汇编成书，深入浅出地讲解了我国综合能源系统发展过程中的关键问题与应对策略，为能源电力行业的科研人员和从业者阐释了相应的理论基础，为推动综合能源系统的建设落地提供了重要参考。

"路漫漫其修远兮"，在能源发展与变革的浪潮中，综合能源系统作为能源电力行业前进的重要方向，定将以蓬勃之势为我国即将到来的"十四五"能源电力发展注入不竭动力。

中国能源研究会常务副理事长

史玉波

2020 年 5 月

序 三

　　能源是人类赖以生存和发展的基础，是国家的经济命脉，对国家繁荣、人民生活改善和社会长治久安至关重要。面对国际能源格局变化，以及我国经济和社会快速发展需求，党的十九大报告中要求，通过推进能源生产和消费革命，构建清洁低碳、安全高效的能源体系。2018 年的政府工作报告中，将优化能源结构、提高清洁能源消费比重作为主要工作之一。《"十三五"国家战略性新兴产业发展规划》明确指出，促进多能互补和协同优化，引领能源革命。能源革命主要包括能源生产革命、能源消费革命、能源技术革命和能源体制革命四大部分，推进能源革命将从根本上转变我国的能源发展战略，有力支撑我国能源事业安全、高效前行。

　　当前，能源电力行业处于快速变革和发展时期，国家电网有限公司守正创新、担当作为，提出了"建设具有中国特色国际领先的能源互联网企业"的战略目标，以"中国特色"为根本，以"国际领先"为追求，应用互联网技术推动传统电网向能源互联互通、共享互济的转型升级，就是为了向用户提供更安全、智慧、经济、便捷的综合能源服务，并最终建成世界一流能源互联网企业。中国南方电网有限责任公司积极抓住历史机遇，以数字化、智能化手段推动传统电网改造升级，明确提出"数字南网"建设要求，构筑集中与分布协同、多种能源融合、供需双向互动、高效灵活配置的资源优化配置平台，将数字化作为公司重要发展战略，加快部署数字化建设和转型工作，助力公司向"智能电网运营商、能源产业价值链整合商、能源生态系统服务商"转型，支撑公司建成具有全球竞争力的世界一流企业。国网战略和"数字南网"战略，从内涵和本质上来讲是相同的，都将带来电网业务开展方式的深刻变革，极大提升电网业务运营的智能化水平和运营效率，并创造巨大的社会、经济和环境价值。

　　加快推动我国能源革命与产业变革，以能源电力高质量发展为经济社会持续健康发展提供坚实保障，是新时代能源电力人面临的重要任务，也是中央企业和重点高校共同的时代担当。华北电力大学作为国家"双一流"建设高校，积极参与国家创新体系建设，在新能源发电、特高压、智能电网、高效洁净燃煤发电技术、核电技术等重要领域都取得了巨大成果。为更好地服务国家战略需求，2019 年 5 月 16 日，华北电力大学与国家电网有限公司联合成立"国家电网有限公司—华北电力大学能源互联网学院"，10 月 17 日正式揭牌。华北电力大学将以此为契机，发挥高校作为科技第一生产力、创新第一驱动力和人才第一资源重要结合点的关键作用，坚持改革创新，通过开创性探索，将能源互联网学院打造成研究型、交叉型、开放型创新发展的特区；坚持扎根能源电力，打造高水平人才培养体系，为新时代国家电网有限公司和能源电力事业大发展造就高素质的建设者和接班人；坚持服务国家需求，聚焦国家战略和前沿科技方向，加强基础科学和重大技术攻关，占领世界能源电力科技制高点。

综合能源系统是学校建设"双一流"学科的重要攻关方向，是能源电力行业的重要组成和战略高地，对保障国家能源安全具有重大意义。近年来，国内外已经开展了综合能源系统相关理论研究和实践应用示范，取得了较好的研究成果和实践应用经验。综合能源系统及时响应党中央、国家与社会需求，是新时代能源生产和消费变革的典型范式，因此，研究综合能源系统是非常必要的。

华北电力大学曾鸣教授及其团队多年来一直致力于推动我国能源电力事业发展进步，取得了丰硕的研究成果，此次出版的《综合能源系统》一书充分展现了曾鸣教授及其团队的智慧与成果。该书紧紧围绕综合能源系统安全高效运行和应用落地等关键问题，涉及综合能源系统规划及运行优化理论、市场交易机制、效益评估体系、综合能源服务的商业模式、系统仿真平台建设等多个方面，希望本书的出版能对我国综合能源事业发展有所裨益。

华北电力大学校长

杨勇平

2020 年 5 月

前　言

能源是保障国家长治久安和国民经济稳定发展的基础，党的十八大后，面对能源供需格局新变化、国际能源发展新趋势，习近平总书记从保障国家能源安全的全局高度，提出"四个革命、一个合作"能源安全新战略，即推动"能源生产革命、能源消费革命、能源体制革命、能源技术革命，并全方位开展国际合作"，致力于建设清洁低碳、安全高效的现代能源体系。随着我国经济发展模式的转变和人民生活方式的调整，传统能源体系以单一系统的纵向延伸为主的建设路径和发展模式不再适用，必须增强多种能源间的互补互济和协调运行，构建综合能源系统的发展理念应运而生。

综合能源系统，具体是指一定区域内的能源系统利用先进的技术和管理模式，整合区域内石油、煤炭、天然气、电力以及需求响应等多种能源资源，实现多异质能源子系统之间的协调规划、优化运行、协同管理、交互响应和互补互济，在满足多元化用能需求的同时有效提升能源利用效率，进而促进能源可持续发展的新型一体化能源系统。构建综合能源系统是"建设清洁低碳、安全高效的现代能源体系"的题中应有之义。

2016 年 12 月，国家能源局公布首批 23 个多能互补集成优化示范工程，我国开始实施多能互补综合能源系统建设试点示范。2017 年 3 月，国家能源局公布首批 55 个"互联网＋"智慧能源示范项目名单，各地政府及各能源电力企业也纷纷开展相关示范项目建设，我国的综合能源系统建设进入实操阶段。2018 年，能源电力企业纷纷作出向综合能源服务商转型的战略部署。2019 年初，国家电网有限公司发布了《推进综合能源服务业务发展 2019—2020 年行动计划》，表明依托综合能源系统开展综合能源服务是国家电网有限公司未来业务转型的重要方向；中国南方电网有限责任公司提出了向"智能电网运营商、能源产业价值链整合商、能源生态系统服务商"转型的发展战略，并发布了《关于明确公司综合能源服务发展有关事项的通知》。在能源革命不断推进的背景下，各能源电力企业向综合能源服务商转型的重要目的之一就是服务于综合能源系统建设，为用户提供更安全、智慧、经济、便捷的综合能源服务。电网公司未来发展必须依托综合能源系统和"云大物移智链边"等信息通信技术的融合应用，实现传统业务升级，提升企业运行效率。

区块链作为分布式数据存储、点对点传输、共识机制、加密算法等计算机技术的新型应用模式，在智能合约、分布决策、协同自治、拓扑形态、交易监管等方面与综合能源服务的需求有着天然匹配性，能够促进多个综合能源系统之间的协同运行与管理，激发区域分布式能源市场的活力。

近 30 年来，作者围绕综合资源规划、电力需求响应、综合能源系统开展了较为深入的研究，出版了《电力需求侧管理》（2000年，曾鸣著）、《电力需求侧管理的激励机制及其应用》（2001年，曾鸣著）、《综合资源规划及其激励理论与应用》（2000年，曾鸣著）等专著，并在《人民日报》发表了《利用能源互联网推动能源革命》（2016年12月5日第九版）、《构建综合能源系统》（2018年4月9日第七版），在综合能源系统领域积累了深厚的研究基础。

在此背景下，本书围绕综合能源系统重点介绍以下几方面内容：

第1章分析了我国构建综合能源系统面临的内外部环境，明确此项工作的必要性及关键问题。分析了我国构建综合能源系统的外部环境和内部环境；阐述了我国构建综合能源系统的必要性，并提出了构建综合能源系统面临的关键问题。

第2章提出了综合能源系统规划及运行优化的主要理论、方法及案例。分析了综合能源系统的基本架构和特点，以及"源-网-荷-储"耦合互补机理；提出了综合能源系统典型设备建模及优化算法；介绍了综合能源系统规划优化理论和运行优化理论，并分别进行了案例分析。

第3章阐述了综合能源系统市场交易的基本概念、体系架构、交易机制。分析了综合能源系统市场的基本概念与特点；进行了综合能源系统市场体系设计；提出了综合能源系统区域分布市场交易技术和机制。

第4章建立了综合能源系统能够带来的综合效益及具体效益评估的指标和方法。阐述了综合能源系统发展带来的经济效益、社会效益和环境效益等综合效益；构建了综合能源系统综合效益评估指标体系；建立了综合能源系统综合效益评估体系及方法。

第5章分析了综合能源服务的可行商业模式及运营模式。分析了综合能源服务的内涵；探讨了综合能源服务发展的商业模式，并进行了综合能源服务典型运营模式的策略分析。

第6章构建了综合能源系统仿真平台。设计了综合能源系统仿真平台基本架构；分别对平台中的规划优化模块、运行优化模块、市场交易模块和效益评估模块的场景设置、参数提取、优化过程以及结果输出进行了阐述。

第7章分析了国内外综合能源系统的典型案例。围绕国内外具有综合能源系统特征的典型案例（包括项目概况、实施过程和实施效果）进行针对性分析。

本书由华北电力大学曾鸣教授、王永利副教授、张硕副教授、曾博副教授、刘英新博士著。王雨晴、董厚琦、许彦斌、刘沆、董焕然、马裕泽、宋福浩参与了大量的资料收集和整理工作。

由于时间仓促，书中难免存在不足之处，请读者批评指正。

作者

2019年11月

目 录

序一

序二

序三

前言

第1章　概述 ……………………………………………………… 1

1.1　我国构建综合能源系统的外部环境 …………………………… 1

1.2　我国构建综合能源系统的内部环境 …………………………… 3

1.3　我国构建综合能源系统的必要性 ……………………………… 7

1.4　构建综合能源系统的关键问题 ………………………………… 9

第2章　综合能源系统规划及运行优化理论 ……………………… 10

2.1　综合能源系统规划和运行优化的研究现状 …………………… 10

2.2　综合能源系统的基本架构和特点 ……………………………… 11

2.3　"源-网-荷-储"耦合互补机理 ………………………………… 13

2.4　综合能源系统典型设备建模及优化算法 ……………………… 15

2.5　综合能源系统规划优化理论 …………………………………… 20

2.6　综合能源系统运行优化理论 …………………………………… 36

第3章　综合能源系统市场交易机制 ……………………………… 43

3.1　综合能源系统市场的基本概念与特点 ………………………… 43

3.2　综合能源系统市场体系设计 …………………………………… 44

3.3　综合能源系统中央集中市场交易机制 ………………………… 47

3.4　综合能源系统区域分布市场交易机制 ………………………… 60

3.5　基于博弈论的综合能源系统多能源主体交易理论 …………… 73

第4章　综合能源系统的综合效益评估体系 ……………………… 80

4.1　综合能源系统综合效益分析 …………………………………… 80

4.2　综合能源系统综合效益评估指标 ……………………………… 85

4.3　综合能源系统综合效益评估体系及方法 ……………………… 91

第5章　综合能源服务可行商业模式及经济效益 ………………… 101

5.1　综合能源服务内涵 ……………………………………………… 101

5.2　综合能源服务商业模式探讨 …………………………………… 102

5.3　综合能源服务典型运营模式的策略分析 ……………………… 116

第 6 章　综合能源系统仿真平台功能简介 ································ 121

　6.1　综合能源系统仿真平台基本架构 ····························· 121

　6.2　规划优化模块 ··· 122

　6.3　运行优化模块 ··· 125

　6.4　市场交易模块 ··· 127

　6.5　效益评估模块 ··· 129

第 7 章　国内外综合能源系统典型案例解析 ······················ 130

　7.1　同里新能源小镇项目 ······································ 130

　7.2　国网客服中心南北园区综合能源服务项目 ···················· 132

　7.3　北辰国家产城融合示范区中关村产业服务核心区项目 ············ 137

　7.4　上海莘庄工业区燃气三联供改造项目 ························· 138

　7.5　东京电力公司综合能源服务发展实践 ························· 140

　7.6　美国 OPower 能源管理公司 ································ 141

　7.7　德国 RegModHarz 虚拟电厂示范项目 ······················ 143

参考文献 ··· 145

索引 ··· 150

第1章
概　　述

1.1　我国构建综合能源系统的外部环境

1.1.1　经济层面

改革开放以来，我国经济腾飞式发展，而在 2012 年后速度开始逐渐减缓，2014 年 5 月习近平主席在河南考察时，首次提出经济"新常态"。2014 年 12 月 9 日的中央经济工作会议上，"新常态"进一步上升为我国当前及今后一段时期内经济发展战略上的逻辑出发点。

随着我国经济发展进入新常态，经济发展增速缓慢，增长压力增大，商品生产、经济投资的结构性日益凸显，开展供给侧改革，优化产业布局与产业结构，完善社会经济体系，是实现经济"软着陆"，适应经济发展新常态的必然需求。为此，中央于 2015 年 11 月明确提出了"供给侧结构性改革"，将原有刺激需求为主的经济政策转换到供给侧，通过供给结构的调整、经济发展方式的转变，减少过剩产能，降低产业能耗，满足产业升级需求和新兴产业发展需求。供给体系涉及国民经济的各行各业，在能源领域，供给侧转型要系统性、前瞻性统筹解决能源产业机构失衡、供给体系不完善等问题，涵盖能源生产、运输、消费等各个阶段，要求能源行业应朝着精细化、集约化、高效化、清洁化的方向发展。

1.1.2　环境层面

1. 生态环境约束

根据《中国能源中长期（2030、2050）发展战略研究》《中国环境宏观战略研究》及全国环境保护（大气）总体目标和国际经验：2030 年，煤炭消费量控制在 36 亿 t 以内；煤炭消费带来的二氧化碳排放控制在 59.8 亿~73.4 亿 t，二氧化硫排放量控制在 1200 万 t 以下，氮氧化物排放量控制在 980 万 t 以下。

2. 碳排放约束

2009 年 12 月在丹麦哥本哈根举行的 COP15 会议上，与会国家达成了《哥本哈根协议》，将全球气温上升的幅度限制在不超过工业化前水平 2℃的目标写进文本，并在 2010 年的坎昆气候大会中得到了正式确认。自哥本哈根和坎昆气候大会以来，各国已就未来全球温升水平控制在 2℃作为全球长期目标达成了政治共识。各国先后提出了 2020 年的中期减排目标，我国预计到 2020 年单位 GDP 的碳排放比 2005 年下降 40%~45%。

在生态环境及碳排放的约束下，我国亟需调整能源结构，能源行业需要向更高效更清洁更低碳的方向发展。

1.1.3　资源层面

现阶段我国能源结构不合理，严重失衡，具体表现在：

（1）石油、天然气等优质能源短缺。"多煤、少油、缺气"是对目前能源结构的有效概括，石油、天然气等优质能源短缺，对外依存度高。

（2）煤炭资源丰富。根据自然资源部 2018 年数据，截至 2017 年底，我国煤炭资源总量为 5.9 万亿 t，预测资源量 3.88 万亿 t，查明资源储量 1.60 万亿 t。

（3）可再生能源储量充沛。风电、光伏、光热及生物质发电等可再生能源可利用规模巨大，但仍存在利用率不高、装机和消费占比较小、弃风弃光等问题。

目前，发达国家已经进入油气为主、多种能源协调发展的阶段，而我国还处于以煤炭为主的相对落后的能源结构时代。能源行业亟需打破能源壁垒，实现各类能源互联互通，实现能源行业的可持续发展。

1.1.4　技术层面

物联网是指通过各种信息传感器、射频识别技术、全球定位系统、红外感应器、激光扫描器等各种装置与技术，实时采集任何需要监控、连接、互动的物体或过程，采集其声、光、热、电、力学、化学、生物、位置等各种需要的信息，通过各类可能的网络接入，实现物与物、物与人的开放连接，实现对物品和过程的智能化感知、识别和管理。物联是一个基于互联网、传统电信网等的信息承载体，它让所有能够被独立寻址的普遍物理对象形成互联互通的网络。

1. 智能芯片

传统通用处理器的架构已经无法适应人工智能算法深度学习与技术计算的高需求，各种新的架构成为当前处理器芯片性能提升的重要手段。GPU（图形图像处理器）、FPGA（现场可编程门阵列）、ASIC（专用集成电路）等异构芯片纷纷抢占先机，类脑神经元结构芯片的出现颠覆传统的冯·诺依曼结构，给产业发展带来新的变革。

我国在智能芯片学术研究上起步较早，如中国科学院寒武纪芯片 2014～2016 年间在深度学习处理器指令集上获得创新进展，在 2016 年国际计算机体系结构年会中，约 1/6 的论文引用寒武纪开展神经网络处理器研究。随着人工智能应用场景的细分市场越来越多，专门为某些应用场景定制的芯片性能优于通用芯片，由此终端芯片呈现碎片化、多样化的特点。

2. 人工智能

人工智能集合了计算机科学、逻辑学、生物学、心理学和哲学等众多学科，在语音识别、图像处理、自然语言处理、自动定理证明及智能机器人等应用领域取得了显著成果。

人工智能技术可以高度自动化地分析数据，做出归纳性的推理，能源行业可以运用该技术迅速地从海量的数据中提取出有用的、可理解的信息。

3. 5G 通信

5G 通信全称为第五代移动电话通信标准，也称第五代移动通信技术。早在 2016 年，美国政府就对 5G 网络的无线电频率进行了分配。我国在 2016 年已经开始了 5G 通信标准的制定工作，2019 年被称为 5G 通信的元年，2020 年将实现 5G 通信的规模商用。

目前，配用电侧海量设备没有完全实现信息的互联互通，电力系统的"最后一公里"挑战仍然存在。5G 具备更加强大的通信和带宽能力，网络高速稳定，覆盖面广，能够为能源行业广泛的用户互动、充分挖掘用户灵活性提供有力支撑。

4. 云计算

云计算是一种大规模分布式的并行运算，是基于 Internet 的超级计算，它使得传统的计算、存储等摆脱了物理节点的限制，是下一代 IT 技术发展的方向。云计算具有规模大、可扩展性高、可虚拟化、可靠性高、通用性强、可灵活定制的特点。作为一种超级计算方式，云计算往往承载着大量的数据信息，并将编程模型、数据管理以及虚拟化的技术门类整合在一起，从而达到单项技术无法企及的技术实践效果。

综上所述，包含智能芯片、人工智能、5G 通信、云计算等在内的物联网技术的发展，为构建具备智能判断与自适应调节能力的、多种能源统一入网和分布式管理的智能化网络系统提供了技术可能。

1.2　我国构建综合能源系统的内部环境

2014 年 6 月，习近平总书记亲自主持召开中央财经领导小组第 6 次会议，听取国家能源局关于能源安全战略的汇报并发表重要讲话，明确提出了我国能源安全发展的"四个革命、一个合作"战略思想，即：推动能源消费革命，抑制不合理能源消费；推动能源供给革命，建立多元供应体系；推动能源技术革命，带动产业升级；推动能源体制革命，打通能源发展快车道；全方位加强国际合作，实现开放条件下能源安全。这是新中国成立以来，党中央首次专门召开会议研究能源安全问题，标志着我国进入能源生产和消费革命的新时代。本节从能源体制情况、能源消费情况、能源技术情况三个方面对我国构建综合能源系统的内部环境展开论述。

1.2.1　能源体制情况

1. 能源政策

（1）电力改革政策。2015 年 3 月党中央、国务院《关于进一步深化电力体制改革的若干意见》（中发〔2015〕9 号）印发后，《国家发展改革委关于贯彻中发〔2015〕9 号文件精神　加快推进输配电价改革的通知》《国家发展改革委、国家能源局关于改善电力运行　调节促进清洁能源多发满发的指导意见》和《国家发展改革委关于完善跨省跨区电能交易价格形成机制有关问题的通知》等 3 个配套文件也相继发布，加快推进能源改革落地。

2015 年 11 月，《国家发展改革委、国家能源局关于印发电力体制改革配套文件的通知》印发，《关于推进输配电价改革的实施意见》《关于推进电力市场建设的实施意见》《关于电力交易机构组建和规范运行的实施意见》《关于有序放开发用电计划的实施意见》《关于推进售电侧改革的实施意见》《关于加强和规范燃煤自备电厂监督管理的指导意见》6 个重要配套文件正式出台，进一步细化、明确了电力体制改革的有关要求及实施路径。

近 5 年来，我国在电力市场化建设领域不断探索，开展了增量配电业务改革试点、电力现货市场交易试点等试点建设工作，通过广东、甘肃、山西电力市场分别启动现货市场试点运行，探索建立有效的现货交易机制，寻找中长期市场与现货市场的良好衔接方式。未来，我国电力市场将构建涵盖电力批发和零售市场、逐步发展电力金融市场的市场化体系，并以市场机制和政府监督两种手段促进电网公司、发电企业、交易机构、售电公司等市场主体的规范有序发展，在维持各方利益平衡的基础上实现电力行业的可持续发展和社会效益最大化。

（2）"互联网＋"相关政策。2015 年 3 月 5 日，第十二届全国人民代表大会第三次会议李克强总理作政府工作报告，第一次将"互联网＋"行动提升至国家战略。

2015 年 7 月，国务院印发了《关于积极推进"互联网"＋行动的指导意见》（简称《指导意见》）。《指导意见》明确了"互联网＋"国家行动计划的十一大重点发展领域，其中第四点是"互联网＋"智慧能源，旨在通过互联网促进能源系统扁平化，推进能源生产与消费模式革命，提高能源利用效率，推动节能减排。加强分布式能源网络建设，提高可再生能源占比，促进能源利用结构优化。加快发电设施、用电设施和电网智能化改造，从而提高电力系统的安全性、稳定性和可靠性。

（3）多能互补相关政策。《国家发展改革委、国家能源局关于推进多能互补集成优化示范工程建设的实施意见》（发改能源〔2016〕1430 号）中明确了能源发展的主要任务。一是终端一体化集成供能系统在新城镇、新产业园区、新建大型公用设施（机场、车站、医院、学校等）、商务区和海岛地区等新增用能区域，加强终端供能系统统筹规划和一体化建设，因地制宜推动传统能源与风能、太阳能、地热能、生物质能等可再生能源的协同开发利用，优化布局电力、燃气、热力、供冷、供水管廊等基础设施，通过天然气热电冷三联供、分布式可再生能源和能源智能微网等方式实现多能互补和协同供应，为用户提供高效智能的能源供应和相关增值服务，同时实施能源需求侧管理，推动能源就地清洁生产和就近消纳，提高能源综合利用效率。二是构建风光水火储多能互补系统，在青海、甘肃、宁夏、内蒙古、四川、云南、贵州等省区，利用大型综合能源基地风能、太阳能、水能、煤炭、天然气等资源组合优势，充分发挥流域梯级水电站、深度调峰火电机组的调峰能力，建立配套电力调度、市场交易和价格机制，开展风光水火储多能互补系统一体化运行，提升电力系统消纳风电、光伏发电等间歇性可再生能源的能力和综合效益。

2. 能源运营机制

综合能源系统是一种存在多种能源交互的能源综合网络，是目前能源领域发展的重要形态。综合能源系统通过冷、热、电、气等多能源综合规划、协调控制、智能调度与多元互动，能够显著提高能源利用效率与分布式可再生能源就地消纳能力。

电、气、热（冷）子系统如燃气锅炉、热泵等，通过能量变换或能量转移装置实现异质能间的协同、互联，将一种形式的能源变换成其他形式的能源或通过调整、改变能源在环境、空间中的分布来满足用户需求。

1.2.2 能源消费情况

2018 年，我国能源消费增速延续反弹态势，全年能源消费总量 46.4 亿 t 标准煤，同比增 3.3%，增速创 5 年来新高，其中电力消费增速创 7 年最快。2018 年天然气、水电、核电、风电等清洁能源消费量占能源消费总量的 22.1%，同比提高了 1.3 个百分点。作为调整能源结构的主力，非化石能源消费占比达到 14.3%，上升 0.5 个百分点。2020 年非化石能源消费占比 15%的目标完成在即。天然气消费继续高速增长，消费增量创世界纪录。煤炭消费比重下降到 59.0%。天然气、水电、核电、风电等清洁能源消费占能源消费总量的比重同比提高约 1.3 个百分点，煤炭消费所占比重下降 1.4 个百分点。

未来，我国能源消费结构中，非化石能源和天然气仍是拉动能源消费增长的主导力量，占一次能源消费的比重继续提高；煤炭消费量将持续减少，占一次能源消费的比重继续下降；石油占一次能源消费比重保持稳定。

1.2.3 能源技术情况

本节所考虑的能源技术情况主要包括三方面：一是交直流输电技术；二是大规模储能技术；三是电转气（P2G）技术。交直流输电技术可以实现可再生资源的时空优化配置，对可再生能源的开发利用具有重要影响。大规模储能技术可以平滑间歇性电源功率波动、减小负荷峰谷差，提高系统效率和设备利用率、增加备用容量，提高电网安全稳定性和供电质量。电转气（P2G）技术可以在所应用领域形成一个可再生能源的综合利用体系。下面就我国在这三方面的技术水平进行分析介绍。

1. 交直流输电技术

我国对特高压输电技术的研究始于20世纪80年代。2004年国家电网公司就明确提出了将1000kV交流和±800kV直流特高压电网建设定为国家"坚强电网"的核心内容这一战略目标。特高压交直流输电工程具有输电容量大、送电距离长、线路损耗低、节省工程建设投资、减少土地使用面积等优势。发展特高压输电技术能够促进大煤电、大水电、大核电的集约化发展，促进电网与电源协调发展，以实现资源能源的优化配置。

截至2019年底，我国已建成投运"十一交十五直"特高压输电工程，包括晋东南—南阳（开关站）—荆门、淮南—浙北—上海、浙北—福州、锡盟—山东、蒙西—天津南、淮南—南京—上海、榆横—潍坊、锡盟—胜利、山东—河北、苏通GIL、蒙西—晋中特高压交流工程，以及向家坝—上海、锦屏—苏南、哈密南—郑州、云南楚雄—广东增城、云南普洱—广东江门、溪洛渡—浙西、宁东—浙江、酒泉—湘潭、晋北—南京、上海庙—临沂、锡盟—泰州、扎鲁特—青州、滇西北—广东、昌吉—古泉、准东—皖南特高压直流工程。开工在建"两交三直"工程，包括北京西—石家庄、张北—雄安特高压交流工程，以及青海—河南、陕北—湖北、昆柳龙特高压直流工程。具体建设情况见表1-1和表1-2。

表1-1 我国特高压交流输电线路建设投运情况

工程名称	电压等级（kV）	线路长度（km）	变电/换流容量（万kVA/万kW）	投运时间（年）
晋东南—南阳（开关站）—荆门	1000	2×654	600	2009
淮南—浙北—上海	1000	2×656	1200	2013
浙北—福州	1000	2×603	1800	2014
淮南—南京—上海	1000	2×779.5	1200	2016
锡盟—山东	1000	2×730	900	2016
蒙西—天津南	1000	2×608	2400	2016
榆横—潍坊	1000	2×1049	1500	2017
锡盟—胜利	1000	2×136	600	2017
北京西—石家庄	1000	2×228	—	—
山东—河北	1000	2×1163	1500	2019
苏通GIL	1000	2×5.9	—	2019
蒙西—晋中	1000	2×313	—	2019
张北—雄安	1000	2×319.9	—	2021

表 1-2   我国特高压直流输电线路建设投运情况

工程名称	电压等级 （kV）	线路长度 （km）	变电/换流容量 （万 kVA/万 kW）	投运时间 （年）
向家坝—上海	±800	1907	1280	2010
锦屏—苏南	±800	2059	1440	2012
哈密南—郑州	±800	2192	1600	2014
云南楚雄—广东增城	±800	1438	1000	2010
溪洛渡—浙西	±800	1680	1600	2014
云南普洱—广东江门	±800	1413	1000	2013
宁东—浙江	±800	1720	1600	2016
酒泉—湘潭	±800	2383	1600	2017
晋北—南京	±800	1119	1600	2017
上海庙—临沂	±800	1238	1600	2017
锡盟—泰州	±800	1620	1600	2017
扎鲁特—青州	±800	1234	1000	2017
滇西北—广东	±800	1959	500	2017
昌吉—古泉	±1100	3304	1200	2018
准东—皖南	±1100	2456	1200	—
青海—河南	±800kV	1578.5	1600	2020
陕北—湖北	±800	1135	—	—
昆柳龙	±800	1489	800	2021

2. 大规模储能技术

储能技术主要分为抽水蓄能、电化学储能、压缩空气储能、熔融盐蓄热、氢储能以及适合功率短时应用的飞轮、超导和超级电容器储能等。

抽水蓄能是目前技术最成熟、应用最广泛的大规模储能技术，具有规模大、寿命长、运行费用低等优点，效率可达 70% 左右，建设成本为 3500～4000 元/kW；缺点主要是电站建设受地理资源条件的限制，并涉及上下水库的库区淹没、水质的变化以及库区土壤盐碱化等一系列环保问题。

钠硫电池具有能量密度大，无自放电，原材料钠、硫易得等优点；缺点主要是倍率性能差、成本高，以及高温运行存在安全隐患等。未来发展趋势主要是提高倍率性能、进一步降低制造成本、提高长期运行的可靠性和系统安全性。目前主要的液流电池体系有多硫化钠/溴、全钒、锌/溴、铁/铬等体系，其中全钒体系发展比较成熟，已建成多个兆瓦级工程示范项目，具有寿命长、功率和容量可独立设计、安全性好等优点，缺点主要是效率和能量密度低、运行环境温度窗口窄。发展趋势主要是选用高选择性、低渗透性的离子膜和高电导率的电极提升效率，提高工作电流密度和电解质的利用率以解决高成本问题等。

铅碳电池是在传统铅酸电池的铅负极中以"内并"或"内混"的形式引入具有电容特性的碳材料而形成的新型储能装置。相比传统铅酸电池具有倍率高、循环寿命长等优点。但是碳材料的加入易产生负极易析氢、电池易失水等问题，发展趋势主要是进一步提高电池比能量密度和循环寿命，同时开发廉价、高性能的碳材料。

锂离子电池的材料种类丰富多样，其中适合做正极的材料有锰酸锂、磷酸铁锂、镍钴锰酸锂；适合作负极的材料有石墨、硬（软）碳和钛酸锂等。锂离子电池的主要优点是储能密度和功率密度高、效率高、发展潜力大；主要缺点是电池的有机电解液存在安全隐患，且寿命和成本等特性仍有待提升。

压缩空气储能具有规模大、寿命长、运行维护费用低等优点。目前，使用天然气并利用地下洞穴的传统压缩空气储能已经比较成熟，效率可达 70%。近年来，国内外学者相继提出了绝热、液态和超临界等多种新型压缩空气储能技术，摆脱了地理和资源条件的限制，但目前还处于小规模示范阶段，效率基本低于 60%。发展趋势主要是通过充分利用整个循环过程中的放热、释冷来提高整体效率，同时通过模块化实现规模化。

氢储能是指利用水解电制氢，然后将氢气进行储存的新型储能系统，其应用场景多是搭配风电、光伏等可再生能源，当风电、光伏出力较多需要弃风、弃光时，利用多余电力水解制氢并将其储存起来，以达到储能的目的，进而提升可再生能源的利用率。氢储能系统的优点是能够将电力转化为氢气进行长时间、大容量的储存，储存容量可以达到 TkWh 级，存储时间可以长达几个月，但也存在全周期效率较低和成本较高的缺点。

飞轮储能具有功率密度高、使用寿命长和对环境友好等优点，其缺点主要是储能密度低和自放电率较高，目前主要适用于改善电能质量、提供不间断电源等应用场合。

超导储能和超级电容器储能在本质上是以电磁场储存能量，具有效率高、响应速度快和循环使用寿命长等优点，适合在提高电能质量等场合应用。超导储能的缺点是需要低温制冷系统、系统构建复杂、成本较高等。超级电容器在大规模应用中面临的主要问题是能量密度低，其发展趋势主要是开发高性能电极及电解液关键材料技术，以提高储能密度、降低成本。

3. 电转气（P2G）技术

电转气（power to gas，P2G）是将电能转化为具有高能量密度燃料气体的技术。电转气技术首先将水电解生成氢气，所产生的氢气可以被直接注入管道用于交通运输或其他工业领域；或者与大气、生物质废气和工业废气中产生的二氧化碳结合，通过甲烷化学反应转化成甲烷，便于后续运输与使用。如果电解水所使用的电力来自太阳或风能，电转气技术可以在所有应用领域形成一个可再生能源的综合利用体系。

P2G 包括电转氢气和电转天然气两种类型。其中，电转氢气是电转甲烷的前置反应，电转氢气的基本反应原理为电解水产生氢气和氧气，现阶段电解氢气的能量转换效率可以达到 75%～85%。电解水产生的氢气可以直接用作燃料电池或通过液化存储，也可用其他方式存储。通过氢气反应生成的甲烷单位能量密度是氢气的 4 倍，且甲烷存储相对简单，传输比较安全，故一般采用电解产生天然气的方法。电转天然气是在电解氢气的基础上，利用二氧化碳和氢气在高温高压环境下反应生成甲烷。电转天然气的能量转换率为 45%～60%，将电解产生的甲烷与天然气管道网络相连，无需增加额外投资就可以实现能量在电力网络与天然气网络间的双向流动，因此，P2G 技术为电力系统开辟了一种全新的储能方式，加深了电力系统与天然气系统之间的能量耦合程度。

1.3 我国构建综合能源系统的必要性

构建综合能源系统可以打破"三个壁垒"，即通过创新技术，根据异质能源的物理特性明晰能源之间的互补性和可替代性，开发能源转化和存储新技术，提高能源开发和利用效率，打破技术壁垒；通过创新管理体制，实现多种能源子系统的统筹管理和协调规划，打破体制壁垒；通过创新市场模式，建立统一的市场价值衡量标准和价值转换媒介，从而实现能源转化互补的经济价值和社会价值，打破市场壁垒。

1. 推动我国能源战略转型，促进经济可持续发展

随着我国能源战略的推进，以能源消费推动经济发展和工业化进程的方式就会发生改变，环境保护和能源安全将成为能源战略向多元化和清洁化方向转型的驱动力。我国目前正处于这一关键的能源战略转型阶段。特别是《巴黎协定》正式生效后，我国能源战略转型更是迫在眉睫。构建综合能源系统，有助于推动我国能源战略转型。

（1）向清洁低碳转型。综合能源系统打破不同能源行业间的界限，将推动不同类型能源之间的协调互补，改变能源的生产方式、供应体系和消费模式。通过物理管网和信息系统的互联互通，综合能源系统增强了能源生产、传输、存储、消费等各个环节的灵活性，可大力推动清洁能源开发设备和移动能量存储设备的规模化和经济化应用，能有效改善能源生产和供应模式，提高清洁能源的消费比重，实现能源生态圈的清洁低碳化。

（2）向多元化转型。当前，能源开发利用技术不断推陈出新，供应侧的非常规油气、可再生能源技术以及需求侧的新能源汽车和储能技术等新技术的应用加速了能源结构调整，推动能源格局向多元化演进。综合能源系统本质上是一个多能源的综合开发利用系统，可以实现多元能源互补互济、协调优化，提高综合用能效率，是促进我国能源战略向多元化转型的重要助力。

（3）向全方位国际合作转型。受世界经济和政治因素影响，全球能源安全的不确定性增加。全方位加强国际合作是我国实现开放条件下能源安全的有效途径。未来的国际能源合作必然是多个区域、多种能源、多类主体之间的合作。综合能源市场是电力市场、石油市场和天然气市场等传统能源市场的整合，具有更好的市场包容性和灵活性，多数能源都可在系统内实现转换和互补利用。在国际能源合作中，综合能源系统还可以增强我国在国际能源市场上对各类能源的选择性消纳能力，使我国对外能源合作方式从"只能要我需要的"向"可选综合性价比最高的"转变，在国际能源合作中真正做到互利共赢。

2. 破解清洁能源电力消纳难题，推动绿色低碳发展

综合能源系统集成多个能源子系统，依托系统内的能源转换等设备，通过供需信号对不同能源进行合理调配，使能源子系统具备更加灵活的运行方式。清洁能源电力富余时，综合能源系统可以将其吸收转化甚至存储起来；清洁能源电力不足时，综合能源系统可调配其他能源填补空缺。

3. 解决我国能源发展面临的挑战和难题，保障能源安全

综合能源系统是一种新型的能源供应、转换和利用系统，利用能量收集、转化和存储技术，通过系统内能源的集成和转换可以形成"多能源输入—能源转换和分配—多能源输出"的能源供应体系。"多进多出"的能源供应体系将在很大程度上降低覆盖区域对某种单一能源的依赖度，对于规避能源供应风险、保障能源安全具有重要作用。

4. 促进技术开发和融合，突破能源技术创新瓶颈

在以低碳、互联、开放为特征的现代社会，低碳低排放等环保因素、能源系统的智能化和自愈性等技术因素以及平等开放、多赢共生等市场因素变得越来越重要，这些因素正成为能源产业发展的硬约束。综合能源系统的构建将加速能源技术创新，突破技术创新瓶颈。建设综合能源系统可以促进能源产业链各个环节的技术开发和融合，进而推动包括广域电力网络互联技术、多能源融合与储能技术、能源路由器技术和用户侧自动响应技术在内的多种技术的创新和应用。这些技术创新和革命是能源产业发展实现智能自治、平等开放和绿色低碳的必要条件，也是建设清洁低碳、安全高效的现代能源体系的基础。

1.4 构建综合能源系统的关键问题

综合能源系统不同于传统的电力、热力和天然气等相互独立的能源系统，是电、热、冷、气等多能源耦合的多能流综合能源系统，其规划思路、运行方式、市场交易机制、综合效益评估及商业模式运营等层面均与传统能源系统存在较大差异。在构建综合能源系统过程中可能会遇到以下几个问题：

一是综合能源系统规划问题。综合能源系统规划涉及多能源管网、变压站选址定容，需要考虑经济、可靠、节能、减排、降污等多重目标，较之传统能源系统规划方法更加复杂。

二是综合能源系统运行调度问题。综合能源系统运行调度需要满足用户的综合性能源需求，涉及多异质能流的互补特性、时间差异及多能源主体利益博弈问题，同时需兼顾电、热、气的运行约束，较之传统能源调度更加困难。

三是综合能源系统多能源主体交易问题。当前电、热、冷、气各类能源市场相互独立，交易机制存在较大差异，并未建立起涵盖电、热、冷、气各类能源主体统一参与的综合能源市场交易体系，市场在多种能源资源优化配置中的作用、各构成要素在综合能源系统中承担的角色等将会是一个较为复杂的问题。

四是综合能源系统效益评估问题。综合能源系统规划和运行服务于目标，而不同的主体对于自身的诉求不同，所以需要建立适用于综合能源综合效益评估的理论体系，从而实现对综合能源系统经济效益、环境效益和社会效益的科学定量评价。

五是综合能源系统商业模式问题。综合能源系统中涉及电、热、冷、气的耦合问题，涉及"源-网-荷-储"多环节的协调问题，参与主体比较广，运营过程中要兼顾政府、社会、企业和用户多方面利益，现有综合能源服务的商业模式尚未成熟，需要进一步依托更先进的理论和实践成果来构建适应新形态的综合能源系统商业模式。

第 2 章
综合能源系统规划及运行优化理论

2.1 综合能源系统规划和运行优化的研究现状

综合能源系统规划以及运行优化技术是实现系统结构优化及容量合理配置的关键，同时也是实现综合能源系统高效运行的基础。国内外相关学者针对综合能源系统规划及运行优化问题进行了研究。

综合能源系统设备稳态建模方面：付文峰提出规划期理论和实际最佳热源配置，保障供热的可靠性、经济性和节能性；罗淑湘研究基于 GIS 的热力网络规划功能性模型，对网络的关键属性高层次半定量分析，以实现对热力网络的科学快捷规划和初步决策，利用图论算法建立了区域可再生能源供热/热水网络规划模型。

综合能源系统管网规划耦合方面：克雷·柏萨德分别考虑了天然气动态特性和电、气网的耦合节点，建立了电力-天然气优化运行模型；王雷研究天然气井组区域、集输场站、干支管网的科学规划方法，实现了集输管网的安全运行；任娜分别考虑了含电-热-气相互耦合的分布式多能流综合能源系统的设备容量匹配优化问题，建立了以能量平衡和设备工作特性为约束的优化模型；王永利基于电网、热网、天然气网的通用模型及多能源网络的耦合机理，建立了电-热-天然气耦合系统的综合模型，并以经济成本最小为目标，研究阶梯碳交易机制下的区域综合能源系统经济调度模型。

综合能源系统目标设计方面：针对不同电价对储能设备收益情况的影响关系，王蕾等人在电价不确定因素的基础上，通过优化算法对系统效益进行了分析；针对家庭综合能源系统优化场景，焦系泽等人考虑了光储系统对家庭综合能源优化的影响，通过动态规划法选取成本最小的目标建立了优化模型；针对企业生产过程用能的多目标优化问题，张旭选定成本最小、污染物排放和二氧化碳排放最小为目标，构建了多目标企业综合能源优化模型。

综合能源系统优化算法方面：针对工业用户用能情况，有学者考虑自然资源的互补性，提出了风光互补的运行优化模型；针对不同的优化算法，艾科·奥翰在现有成果基础上，引入模拟退火算法对综合能源系统配置进行优化，并证明了该算法的有效性；针对福建省能源系统的经济、环境问题，郑东昕运用参数规划法对可再生能源、电力扩容等做了合理规划；针对含有热网的综合能源系统运行优化问题，顾伟考虑热网供应的潮流约束，提出了基于混合整数线性规划的综合能源系统运行优化模型。曾鸣为了提高能源综合利用效率与分布式可再生能源就地消纳能力，结合能源互联网建设过程中自动需求响应系统的应用趋势，构建了基于需求响应和储能的综合能源系统多目标协同优化运行模型，并提出了基于 Tent 映射混沌优化的 NSGA-Ⅱ多目标函数求解算法。

国内外对综合能源系统的研究已经从单一的源侧、网侧、荷侧运行优化逐步发展到"源-网-荷-储"协调规划以及运行优化。

2.2 综合能源系统的基本架构和特点

2.2.1 综合能源系统的基本架构

综合能源系统是一种多层次的复杂耦合系统，是多种能源输入、转换及输出集成。因此，其基本架构在于综合能源系统的物理构成，即保障综合能源系统基本运行。实现能源系统优化建模的基础是建立科学、全面、准确的综合能源系统基本框架（见图 2-1），其大致分为四个子系统：

（1）外部能源供应子系统。外部能源供应子系统是保障综合能源系统的关键因素，在综合能源系统内起到能源补充的重要作用，其主要包括天然气、燃油等一次能源和市政电网供电的二次能源。

（2）能源转换子系统。能源转换子系统主要包含三种类型：第一类是小规模可再生能源发电系统，例如光伏发电、小型风力和小水力发电系统等；第二类是热电联产或冷热电三联产系统，其主要代表设备为燃气轮机、微燃机、燃料电池等原动机；第三类是辅助型能源转换系统，其主要设备包括燃气/油锅炉、储能设备等。能源转换子系统的作用就是采取各种方式将一次能源和二次能源高效快捷地转化成多种能源形式，以达到满足终端用户需求的目的。

（3）能源输送网络。能源转换子系统产生能源后，通过能源网连接能源供应侧和能源需求侧，针对用户不同的能源需求，需要高效的能源输送网络，其中包括电网、热网、冷网、气网。

（4）用户终端子系统。用户终端子系统是最终将能源转换子系统产生的能源消耗的系统。

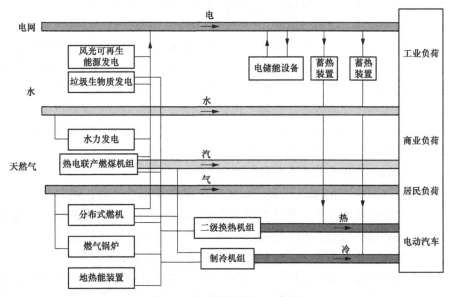

图 2-1 综合能源系统基本架构

2.2.2 综合能源系统的特点

为实现我国能源供应的安全性和可持续发展，综合能源系统应运而生。综合能源系统包括电力能源供应、天然气供应、热（冷）能源供应等，是集合众多能源供应的复杂系统。综合能源系统以各能源之间的转换关系和互补关系为基础，对系统中的能源生产、传输与分配、转换、存储、消费等环节进行有机协调与优化，达到经济、安全、灵活的供能效果。其主要特点如下：

1. 综合能源系统可实现多能源系统的有机协调与多能互补

传统电、热、冷、气能源系统设计一般是单独规划设计，各个能源系统之间独立运行且互不联系。而综合能源系统的核心特征之一就是多能耦合、协同互补，这就降低了传统能源系统对外部能源网络的依赖，即使遇到大电网瓦解等极端情况也能具备足够的自愈能力，保障用户生产生活。综合能源系统在以电力网络为主体架构的基础上，充分利用了电力、天然气、供热（冷）系统在用能需求、价格、特性上拥有的多能互补特性，从而可有效调节各能源系统工作时的随机性和波动性，提高系统协同效益。因此，通过构建综合能源系统来达到各能源系统间的有机协调与配合，是综合能源系统的主要特征之一。

2. 综合能源系统可实现"源-网-荷-储"协调互动，提高供能系统基础设施的利用率

传统能源供应主要是以单一能源的生产供应为核心，实现能源系统的设计规划和运行方案的生成，但由于用户用能需求的多样性及波动性，导致不同能源供应存在错峰和互补的现象。分布式能源设备的技术更新，打通了不同能源间相互转化的技术壁垒，为能源间互补关系的确定提供了技术支撑。通过整合分布式能源设备的资源及各类用户的刚性用能需求和柔性用能需求，以及对储能设备进行建设规划及运行策略的调整，实现了各供能子系统间的有机协调，缓解或消除能源浪费和效率低下的问题，从而实现综合能源柔性互动以及"源-网-荷-储"的纵向一体化。

3. 智能电网是综合能源系统的基础与关键

综合能源系统的基础是智能电网，主要原因在于：①社会生产、生活的各个环节的正常运行都依赖于电力的供应，同时，风能、太阳能、生物质能等其他形式能源需要首先转化成电能方可规模化开发利用；②智能电网就是电网的智能化，未来电网应具有足够的灵活性和可靠性，能够可自愈地应对来自电网内外的各类扰动、激励并保护用户、提高设备利用率和能源综合利用效能，提供满足 21 世纪用户需求的电能质量。电能作为一种广泛使用、替代性强的能源，能够实现不同能源形式的相互转化。因此，综合能源发展是以电力为核心，带动其他能源产业的发展。智能电网建设不仅推动了电网本身的发展，更加强了整个能源体系的相互协调，是综合能源系统建设的基础和关键。

4. 综合能源系统可实现物理信息的深度融合

信息物理系统（cyber-physical systems，CPS）是一个综合计算、网络和物理环境的多维复杂系统，而综合能源系统覆盖能源生产、传输、消费、存储、转换的整个能源链，其中存在着网络、环境和各个系统间的信息交流。综合能源系统中的能量流与信息流的相互整合、互联互动、紧密耦合，形成了一个信息物理系统。系统中的互联网、物联网、大数据、云计算等的深度应用使综合能源系统的运行更加灵活智能，通过信息物理系统中信息和物理架构的融合，使综合能源系统更加可靠、安全、高效、实时协同，具有重要而广泛的应用前

景。综上所述，综合能源系统在满足系统内多元化用能需求的同时，强调不同能源间的协同优化，有利于能源利用效率的提升和可再生能源的规模化开发，有利于提升、满足用户多样性需求的目的，有利于提高社会能源供用系统整体的安全性、经济性和设备资产利用率，对推进相关研究意义重大。

2.3　"源-网-荷-储"耦合互补机理

综合能源系统是将多种能源联合供应生产的综合系统，源侧设备之间具有耦合特性，荷侧用户端用能具有互补替代特性。多能互补指的是石油、煤炭、天然气和电力等多种能源子系统之间的互补协调，突出强调各类能源之间的平等性、可替代性和互补性。充分利用综合能源系统的耦合互补机理可以实现电、热、冷、气之间的相互转化，发挥各能源间的协同作用和互补效益。

综合能源系统的应用可以削弱电网的波动性，减缓分布式能源出力的不确定给电网带来的冲击压力。此外，综合能源系统可以充分利用可再生能源解决清洁能源电力消纳的难题，减少环境污染。合理规划综合能源系统可以解决单一能源规划面临的问题，可以充分考虑各种形式能源的耦合和互补关系，从而提高资产利用效率，降低全社会成本。综合能源系统规划设计需要考虑复杂场景下的多能源多尺度的问题，既要考虑系统内产能、换能、蓄能、用能等各个环节之间的相互依赖关系，又要考虑电、热、冷、气等多种能源流间的耦合与相互转换。

从能源生产供应的角度看，通过综合能源系统中不同的能源转换设备将自然界中太阳能、风能、地热能、天然气等多种类型的一次能源转换为冷、热、电能供应生活或工业用能。源侧设备耦合主要依据不同的设备特性进行耦合，如冷热电三联供（CCHP）系统、蓄热式电锅炉、冰蓄冷系统、热泵机组和储能系统等。

1. 冷热电三联供系统

冷热电三联供系统是一种建立在能量梯级利用概念的基础上，主要以天然气为一次能源，通过各种能源转化设备产生热、电、冷多种能源，实现能源梯级利用的系统。冷热电三联供系统一次能源利用率可达到 80％左右。

典型的冷热电三联供系统一般包括动力设备和发电设备、余热回收装置、制冷系统等。针对不同的用户需求，系统方案可选择范围很大，仅与之有关的动力设备就有多种选择，如微型燃气轮机、内燃机、小型燃气轮机等。冷热电三联供系统的核心为动力系统，典型动力设备常采取燃气轮机。当燃气轮机单独发电时，其运行效率仅有 40％，形成三联供系统后，运行效率可达 80％。燃气轮机通过压缩热空气和燃料，使燃料充分燃烧，燃烧的热量使空气迅速膨胀，推动涡轮转动，带动发电机发电。通过余热回收装置将燃气轮机供电后排出的热量回收，回收的热量一部分可以通过热网传输至用户侧实现用户供热，另一部分可以用于驱动制冷机进行制冷，以满足用户对冷负荷的需求。制冷系统中目前主要采用压缩制冷技术和吸收制冷技术，其中压缩制冷技术通过压缩机做功进行制冷，吸收制冷技术通过溴化锂制冷机进行制冷。在供冷或供热所需的热量不足时，可以通过燃气补燃的办法增加供应冷、热量。

冷热电三联供系统将燃气转换为电能、热能以及冷，为综合能源系统园区用户提供用能需求（见图 2-2）。冷热电三联供系统主要特点是可以实现能量的梯级利用，将高品位热能用于发电，低品位热能用于供冷、供热，在节能减排的基础上实现多能源供应。

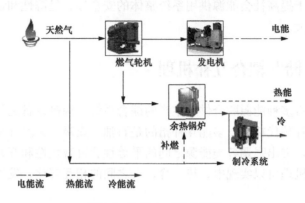

图 2-2 冷热电三联供系统

2. 蓄热式电锅炉

电锅炉作为一种电转热的设备，相比于传统锅炉，具有节能、高效的优点。电锅炉结构简单，易于叠加组合，运行维护方便。在电锅炉的基础上加上蓄热装置即为蓄热式电锅炉。蓄热式电锅炉主要由电锅炉主体及电锅炉控制柜、保温式蓄热装置、循环泵、处理装置等组成。

蓄热式电锅炉有多种供热模式，可以单一蓄热或放热，也可以在蓄热的同时进行供热，实现联合供热。蓄热式电锅炉在夜间低谷时段进行蓄热，享受低谷电价政策，并通常以水为媒介，将热量储存在蓄热水箱中。日间电网高峰时刻，关闭电锅炉，优先使用蓄热水箱中的热能进行供能。蓄热供暖的蓄热式电锅炉能平衡电网负荷，起到削峰填谷的作用，并减少污染物的排放。

3. 冰蓄冷系统

冰蓄冷系统是在常规制冷系统中加入蓄冰槽的蓄冷设备，通常由制冷设备、蓄冰槽和控制仪表三部分组成。冰蓄冷系统主要有冰盘管式系统、内融冰式冰蓄冷系统两种，其中冰盘管式系统又称直接蒸发式蓄冷系统。冰蓄冷系统中，蓄冰槽中有大量的冰被冻结在蒸发器盘管上，当设备处于融冰状态时，冰从外层开始融化，使得温度较高的冷冻回水可以二次利用，可以在较短的时间内释放出大量的冷。该系统常被用于短时间冷需求较大的场所，如一些工业加工过程。而内融冰式冰蓄冷系统是利用低温乙二醇水溶液使蓄冰槽盘管结冰，在融冰过程中，空调回水管中温度较高的乙二醇水溶液使得盘管外冰融化，进行释冷。

冰蓄冷技术的使用是电网实现削峰填谷的重要手段之一，在许多国家都得到了广泛的推广。当电力负荷处于低谷时，冰蓄冷设备利用此时较低的低谷电价进行蓄冷并以冰的形式存储；当电力负荷较高时，将蓄冰槽中的冷量释放出来，满足实时冷量需求。因为冰蓄冷设备多种制冷工况如单独供冰、制冰同时供冷、单制冷机组供冷、单融冰供冷、制冷机与融冰同时供冷、冰蓄冷供冷的灵活性与多样性，使得冰蓄冷在综合能源系统中能够实现多种耦合互补。冰蓄冷技术的使用有效解决了削峰填谷，在综合能源系统规划时可以减少制冷设备的配置容量，能够实现与多种设备耦合互补配置，实现多种建设目标。

4. 热泵

热泵可以充分利用低品位热能，通过压缩机做功以逆循环的方式使热量从低温物体流向高温物体。热泵消耗少量的逆循环净功，就可得到较大的供热量，可以有效地把难以应用的低品位热能利用起来达到节能目的。1824 年提出的卡诺循环理论，为热泵的发展奠定了基础，热泵的用途被不断扩展，现在已经广泛地应用在空调与工业领域。随着热泵技术的不断发展，现在热泵已有多种类型，如地源热泵、空气源热泵、污水源热泵、能源塔热泵等类型，其中最常用的为地源热泵。所谓地源热泵，是利用地球表层的地热资源对建筑物进行冬季取暖和夏季供冷的技术。制冷过程为释放热量的过程，通过循环水泵，将热量向地层释放；制热时是从地层吸热，从而达到用于空调制热的效果。

热泵的性能主要分为制冷性能（COP）以及制热性能（EER）。以地源热泵为例，地源热泵的制冷性能高达 3～4，制热性能可达 2～3，地源热泵可以消耗较少的一部分电能，却能从介质中提取 3 倍电能的能量。此外，热泵可以实现供暖、供冷、提供生活热水的功能，真正实现一机多用，并可以和电制冷系统、电锅炉系统配合使用。综合能源系统中，热泵系统的使用可以有效提升能源利用效率，实现多设备的耦合互补综合利用。

5. 储能系统

储能系统是综合能源系统的核心，能够实现能量时间和空间上的转移，被称为综合能源系统的"心脏"。传统意义的储能更多的是指电能的储存，重点研究电能储存和双向转化技术；在综合能源系统中的储能重点是电能和其他能源之间的转化，以及冷量和热量的存储形式与转换。

储能系统主要有削峰填谷、平抑波动、需求响应三个功能。

（1）削峰填谷。根据系统负荷变化规律，合理地、有计划地调整储能系统的充放电策略，达到降低负荷高峰、填补负荷低谷的要求。

（2）平抑波动。一方面是利用储能的瞬时性平滑新能源发电的波动性、间歇性，提高新能源消纳能力；另一方面是指储能跟随负荷需求调整出力，快速响应出力负荷变化，稳定系统出力，满足系统安全稳定运行的要求。

（3）需求响应。根据能源价格调整储能系统充放电策略，满足系统经济运行的要求。

其最终目标是要实现多能源在时间、空间维度上的完全解耦，实现综合能源解决方案的一般商品化产、供、销模式。

2.4　综合能源系统典型设备建模及优化算法

2.4.1　典型设备建模

综合能源系统设备复杂多样，不同设备构成的综合能源系统特性不同。下面对综合能源系统中典型设备的数学模型进行介绍。

1. 光伏发电功率模型

光伏发电设备的发电功率不仅与光伏板的能源转换效率相关，还与光照辐射强度以及外界温度有关。光伏发电功率的数学模型为

$$P_{pv} = f_{pv} P_{r,pv} \frac{I}{I_s} [1 + \partial_p (t_{pv} - t_r)] \tag{2-1}$$

式中：P_{pv} 为光伏发电设备的发电功率，kW；f_{pv} 为光伏功率输出的能量转换效率，通常取 0.9；$P_{r,pv}$ 为标准条件光伏发电设备的额定输出功率，kW；I 为实际辐射强度，kW/m²；I_s 为标准辐射强度，kW/m²；∂_p 为温度功率系数，通常取 0.0047℃⁻¹；t_{pv} 为光伏模块的实际温度；t_r 为光伏模块的额定温度。

2. 风力发电机功率模型

风力发电机的功率输出主要与风速相关，且当风速大于切出风速或小于切入风速时，风力发电机不工作。风力发电机功率的数学模型为

$$P_{WT} = \begin{cases} 0 & (v_{co} \leqslant v \leqslant v_{ci}) \\ P_r \dfrac{v - v_{ci}}{v_{co} - v_{ci}} & (v_{ci} < v < v_r) \\ P_r & (v_r < v < v_{co}) \end{cases} \tag{2-2}$$

式中：P_{WT} 为风力发电机的发电功率；v_{ci} 为切入风速；v_{co} 为切出风速；v_r 为风力发电机额定风速；P_r 为风力发电机额定功率。

3. 燃气锅炉功率模型

燃气锅炉是以气热耦合转换为主的一种供能设备，其消耗天然气以此满足热负荷需求，进一步加强了气热之间的耦合关系，其功率数学模型为

$$P_{heat,GB}(t) = P_{gas,GB}(t) \eta_{GB}$$

$$P_{gas,GB}(t) = \frac{Q_{GB}(t) \times L_\Delta}{\Delta t} \tag{2-3}$$

$$H_{GB}(t) = P_{heat,GB}(t) \Delta t$$

式中：$P_{heat,GB}(t)$、$P_{gas,GB}(t)$ 以及 η_{GB} 分别表示在 t 时刻燃气锅炉产生的热功率、天然气消耗功率以及燃气锅炉的实际转换效率；$Q_{GB}(t)$ 以及 L_Δ 分别表示在 t 时刻燃气锅炉的进气量以及天然气的低热值系数；$H_{GB}(t)$ 则表示经过 Δt 时段，燃气锅炉产生的实际热量值。

4. 储能电池模型

储能电池是综合能源系统的心脏，是实现能量耦合以及需求响应的关键设备，其充电存入电能的数学模型为

$$SOC(t) = (1 - \delta_e) \cdot SOC(t-1) + P_{in} \cdot \Delta t \cdot \eta_{in}^e / E_{BD}^N \tag{2-4}$$

其释放电能的数学模型为

$$SOC(t) = (1 - \delta_e) \cdot SOC(t-1) - P_{out} \cdot \Delta t / (E_{BD}^N \cdot \eta_{out}^e) \tag{2-5}$$

式中：δ_e 是蓄电池的自身电能消耗率；P_{in} 是蓄电池的电能存入功率，kW；P_{out} 是蓄电池的电能释放功率，kW；$SOC(t)$ 是第 t 个时段结束时蓄电池的剩余电量；$SOC(t-1)$ 是第 $t-1$ 个时段结束时蓄电池的剩余电量；η_{in}^e 是蓄电池的电能存入效率；η_{out}^e 是蓄电池的电能释放效率；E_{BD}^N 是蓄电池的额定容量，kWh。

5. CCHP 系统模型

CCHP 为冷热电三联供系统，能够在内燃机发电的同时实现对园区供热供冷，能够实现能量的梯级利用，是综合能源系统实现能量耦合的关键设备之一。其数学模型公式为

$$
\begin{cases}
P_{\text{ele,CCHP}}(t) = P_{\text{gas,CCHP}}(t)\eta_{\text{e}} \\[4pt]
P_{\text{cold,CCHP}}(t) = P_{\text{rest-ele,CCHP}}(t)K_{\text{c}} \\[4pt]
P_{\text{heat,CCHP}}(t) = P_{\text{gas,CCHP}}(t)\eta_{\text{CCHP}}^{\text{H}}(1 - \eta_{\text{CCHP}}^{\text{Loss}}) \\[4pt]
\eta_{\text{CCHP}} = \dfrac{E_{\text{P}}(t) + E_{\text{C}}(t) + E_{\text{H}}(t)}{F_{\text{CCHP}}(t)H_{\text{low}}} \\[8pt]
\eta_{\text{RER}} = \dfrac{P_{\text{ele,CCHP}}(t) + P_{\text{cold,CCHP}}(t) + P_{\text{heat,CCHP}}(t)}{F_{\text{CCHP}}(t)H_{\text{low}}}\Delta t
\end{cases}
\tag{2-6}
$$

式中：$P_{\text{ele,CCHP}}(t)$、$P_{\text{gas,CCHP}}(t)$ 以及 η_{e} 分别表示在 t 时刻燃气轮机发电功率、天然气消耗功率以及运行转换效率；$P_{\text{cold,CCHP}}(t)$、$P_{\text{rest-ele,CCHP}}(t)$ 以及 K_{c} 分别表示在 t 时刻溴化锂制冷机输出冷功率、溴化锂制冷机输入电功率以及制冷系数；$P_{\text{heat,CCHP}}(t)$、$\eta_{\text{CCHP}}^{\text{H}}$ 以及 $\eta_{\text{CCHP}}^{\text{Loss}}$ 分别表示余热锅炉的输出热功率、余热锅炉的热效率以及热损失；η_{CCHP}、$E_{\text{P}}(t)$、$E_{\text{C}}(t)$、$E_{\text{H}}(t)$、$F_{\text{CCHP}}(t)$ 以及 H_{low} 分别表示系统㶲效率、电㶲、冷㶲、热㶲、输入整个 CCHP 系统燃料总量以及燃料在较低位时的发热值；η_{RER}、$P_{\text{ele,CCHP}}(t)$、$P_{\text{cold,CCHP}}(t)$、$P_{\text{heat,CCHP}}(t)$ 以及 Δt 分别表示 CCHP 系统原料利用效率、系统输出的电功率、冷功率、热功率以及转换时段。

6. 冰蓄冷系统模型

冰蓄冷设备能够在实现供冷的同时实现冷量存储的功能，冰蓄冷能够转移高峰电力需求实现"削峰填谷"。其出力模型为

$$
\begin{cases}
0 \leqslant Q_{\text{ref.}i}^{t} \leqslant Q_{\text{ref.}i}^{\max} \\[4pt]
0 \leqslant Q_{\text{tank.}i}^{t} \leqslant Q_{\text{tank.}i}^{\max}
\end{cases}
\tag{2-7}
$$

$$
0 \leqslant P_{\text{tank.}i}^{t} \leqslant P_{\text{tank.}i}^{\max} \leqslant P_{\text{ice.}i}^{\max}
\tag{2-8}
$$

$$
\begin{cases}
P_{\text{tank.}i}^{t} \geqslant 0,\ Q_{\text{tank.}i}^{t} = 0 \quad (t \in T_{\text{melt}}) \\[4pt]
P_{\text{tank.}i}^{t} = 0,\ Q_{\text{tank.}i}^{t} \geqslant 0 \quad (t \in T_{\text{ref}})
\end{cases}
\tag{2-9}
$$

$$
S_{\text{tank.}i}^{t+1} = (1 - \sigma_{\text{tank}}^{\text{c}})S_{\text{tank.}i}^{t} + \sum_{t \in T_{\text{ref}}} P_{\text{tank.}i}^{t} E_{\text{tank}}^{\text{c}} T - \sum_{t \in T_{\text{melt}}} Q_{\text{tank.}i}^{t} T / \eta_{\text{tank}}^{\text{c}}
\tag{2-10}
$$

式中：$Q_{\text{ref.}i}^{t}$ 和 $Q_{\text{tank.}i}^{t}$ 分别表示制冷机与蓄冰槽的制冷功率；$Q_{\text{ref.}i}^{\max}$ 和 $Q_{\text{tank.}i}^{\max}$ 分别表示第 i 个制冷机和蓄冰槽的最大制冷功率；$P_{\text{ref.}i}^{\max}$ 和 $P_{\text{tank.}i}^{\max}$ 分别表示第 i 个制冷机和蓄冰槽的最大电功率；T_{melt} 表示融冰时段；T_{ref} 表示蓄冰时段，式（2-9）表示蓄冰槽的蓄冰和融冰作业不可同时进行；$E_{\text{ref}}^{\text{c}}$ 表示制冷机的制冷能效比；$E_{\text{tank}}^{\text{c}}$ 和 $\eta_{\text{tank}}^{\text{c}}$ 分别表示蓄冰槽的制冰能效比和融冰效率；$S_{\text{tank.}i}^{t+1}$ 和 $S_{\text{tank.}i}^{t}$ 分别表示第 i 个蓄冰槽在时段 $t+1$ 和时段 t 的蓄冰容量；$\sigma_{\text{tank}}^{\text{c}}$ 是蓄冰槽的自损耗系数。

7. 热泵系统模型

地源热泵通过地埋管与土地及地下水交换能量实现夏季供冷、冬天供热的功能

$$
\begin{cases}
Q_{\text{mer.}i} = P_{\text{ice.}i}\,\text{EER} \\[4pt]
Q_{\text{tin.}i} = P_{\text{hot.}i}\,\text{COP}
\end{cases}
\tag{2-11}
$$

式中：$Q_{\text{mer.}i}$ 为夏季制冷出力；$P_{\text{ice.}i}$ 为制冷时耗电功率；EER 为制冷能效；$Q_{\text{tin.}i}$ 为冬季制热出力；$P_{\text{hot.}i}$ 为制热时耗电功率；COP 为制热能效比。

2.4.2　典型优化算法

综合能源系统规划与运行调度涉及设备间的相互耦合，属于非线性求解问题。数学模型

相互之间的约束比较复杂，求解维度较高，求解此类问题的常用数学算法有动态规划、禁忌搜索算法、遗传算法和粒子群算法等。

1. 动态规划

动态规划方法由波尔曼（Bellman）于 1957 年提出，是一种将原多阶段复杂问题分解为相对简单的子问题求得最优解的方法，即最优策略所包含的子策略一定是最优子策略。该方法对于子问题重叠的情况特别有效，通过将问题拆分、重新定义问题状态之间的相互关系，用递推的方式或是分治的方式解决问题。动态规划算法在综合能源系统中的状态递归方程如下

$$\min F = \sum_{k}^{N-1} F_k(x_k, u_k) + F_N(x_N, u_N) \tag{2-12}$$

式中：N 为规划阶段总数；x_k 为第 k 阶段的状态变量，即可控分布式发电设备的输出功率；u_k 是第 k 阶段的决策变量，即可控分布式发电系统可调节的输出功率；$F_k(x_k, u_k)$ 为第 k 阶段的指标方程；$F_N(x_N, u_N)$ 为第 N 阶段的指标方程。

x_k 到 x_{k+1} 的状态转移方程为

$$x_{k+1} = g(x_k, u_k) \tag{2-13}$$

u_k 表达式如下

$$u_k = [\Delta P_w, \Delta P_g, \cdots, \Delta P_e] \tag{2-14}$$

式中：ΔP_w、$\Delta P_g, \cdots, \Delta P_e$ 为可控分布式发电系统 w、$g, \cdots, e$ 可调节的输出功率。

2. 禁忌搜索算法

禁忌搜索是一种现代的启发式随机搜索算法，1977 年在美国由科罗拉多大学教授弗雷德弗·格洛弗提出，是一个用来跳脱局部最优解的搜索方法。该算法是基于局部搜索算法改进而来的，通过标记已经寻得的局部最优解或寻解过程，并引入禁忌表减少循环次数，加快搜索速度，用这种方式解决局部搜索算法在局部循环搜索的缺点。禁忌搜索算法能够在搜索的过程中脱离当前陷入的局部最优的状况，转向其他的搜索空间，更好地实现全局搜索。禁忌搜索算法的流程如图 2-3 所示。

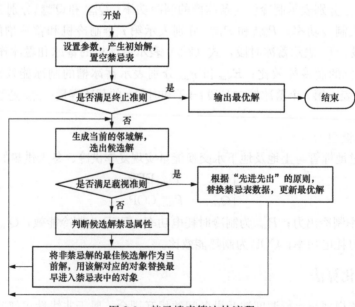

图 2-3 禁忌搜索算法的流程

3. 遗传算法

遗传算法由美国的霍兰德教授在 1975 年首次提出，是模仿生物界与自然界的规律进行全局搜索，其核心是"适者生存"，子代通过继承父代的优秀基因实现繁衍。遗传算法在寻优过程中主要过程为交叉、变异、选择算子等关键步骤，根据计算所得的目标函数适应度值，从种群的父代和子代中选择一定比例的个体作为后代的群体，然后继续进行寻优计算，直至求得最佳染色体对应的适应度值。其算法求解流程如图 2-4 所示。

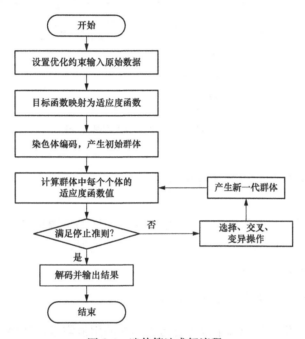

图 2-4　遗传算法求解流程

遗传算法主要特征是群体间的搜索方法以及群体中个体信息的交换，非常适合解决传统搜索方法难以解决的非线性问题。与其他启发式算法相比，遗传算法具有以下优点：从多个初始点开始搜索，可以有效地跳出局部极值；具有自组织、自适应和自学习性，能够获得较高的生存概率；能够在非连续、多峰和嘈杂的环境中收敛到全局最优的解，具有良好的寻找全局最优解的能力；用适应度函数值来评估个体，对目标函数的形式没有要求；并行化程度高，同时对搜索空间中的多个解进行评估，减少了陷入局部最优解的风险。

4. 粒子群算法

粒子群算法是 1995 年由肯尼迪和艾伯哈特等提出的一种新型的并行元启发式算法。遗传算法是模拟自然界鸟群等生物种群觅食的行为寻求最优解。首先，随机产生一组解，通过迭代计算寻找最优解，根据适应度值选择粒子，并通过适应度值评价粒子质量，通过跟随当前最优值来寻找全局最优解。粒子群算法的主要优点为结构简单，操作容易实现，且求解精度较高，收敛速度较快。应用粒子群算法求解的基本流程如图 2-5 所示。

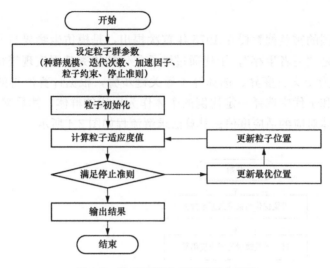

图 2-5 粒子群算法求解的基本流程

2.5 综合能源系统规划优化理论

综合能源系统在进行规划优化的过程中需要考虑园区的资源禀赋、环境、政策、经济发展等因素,从系统全寿命周期角度考虑各种能源的运行情况,制定出电、热、冷、气系统相互互补、耦合状况下的优化组合及配置方案。

2.5.1 综合能源系统规划优化影响因素

综合能源系统规划优化的前提不仅需要考虑用户的用能需求,还要考虑区域发展与社会政策。即综合能源系统规划优化在满足负荷需求的情况下,全方位考虑规划区政策、环境、资源禀赋以及行业类型等因素的影响,以实现规划结果的合理最优。

2.5.1.1 政策因素

综合能源系统的规划与国家或地方政策密切相关,国家发布相关政策推动综合能源系统的发展。2015 年,我国发布《中共中央国务院关于进一步深化电力体制改革的若干意见》,其中重点提出了"自发自用、余量上网、电网调节"的运营模式,一方面促进我国电力市场的全面放开,另一方面给综合能源系统的发展带来了机会。

我国各地不断推出综合能源系统发展的相关政策。《上海市分布式供能系统和燃气空调发展专项扶持办法》(简称《上海扶持方法》)规定了分布式能源供能系统的补贴价格,并对燃气空调制定补贴机制。对综合能源系统利用率达到 70%、年利用 2000h 以上的综合能源系统上网电价,在燃煤电厂上网标杆电价的基础上给予 0.25 元/kWh 的价格补贴。该项政策对综合能源系统的约束边界以及运行策略做出了改变。

此外,《北京市分布式光伏发电奖励资金管理办法》对分布式光伏电站发电给予一定的资金补偿,可以缩短光伏的投资回收期。颁布《北京大气污染防治能源保障方案》用以推动清洁能源的发展。在对综合能源系统规划设计时,国家政策的发布对设计边界约束以及能源补贴价格有较大的影响。因此，在对综合能源系统园区规划建设时，必须考虑当地政府政策对综合能源系统建设的约束情况。

我国发布的相关能源政策见表 2-1。

表 2-1　　　　　　　　　　　　　　我国相关政策内容

名称	主要内容
《中华人民共和国节约能源法》《大气污染防治计划》《关于加快推动我国绿色建筑发展的实施意见》	国家政策支持能源梯级利用技术，以提升能源的多级利用，鼓励发展冷热电三联供技术；鼓励发展光伏发电项目，减少城市污染的排放；鼓励发展天然气等分布式项目
《关于发展天然气分布式能源的指导意见》《分布式发电管理暂行办法》《关于规范天然气发电上电价管理有关问题的通知》《关于推进售电侧改革等实施意见》	区域电网规划业务中不断纳入天然气分布式能源项目；分布式发电余量优先上网；鼓励天然气分布式能源与电力用户自主协商电价；鼓励综合能源系统参与电力市场交易
《分布式发电管理暂行办法》《关于促进节能服务产业发展增值税、营业税和企业所得税政策问题的通知》《关于太阳能热发电标杆上网电价政策的通知》	制定分布式发电补贴政策，鼓励上网；制定优惠政策鼓励能源托管项目

2.5.1.2　资源禀赋

1. 太阳能资源

2014 年，我国发布了《太阳能资源等级　总辐射》（GB/T 31155—2014）、《太阳能资源测量　总辐射》（GB/T 31156—2014）等标准，对太阳能资源评定等级进行了规范，见表 2-2。

表 2-2　　　　　　　　　　　　太阳能资源丰富程度与稳定程度等级

项目	等级	标准（年辐射量）
资源丰富程度	资源最丰富	≥1750kWh/(m² · a) 或≥6300MJ/(m² · a)
	资源很丰富	1400～1750kWh/(m² · a) 或 5040～6300MJ/(m² · a)
	资源丰富	1050～1400kWh/(m² · a) 或 3780～5040MJ/(m² · a)
	资源一般	<1050kWh/(m² · a) 或<3780MJ/(m² · a)
资源稳定程度	等级	标准（K 值）
	稳定	<2
	较稳定	2～4
	不稳定	>4

太阳能稳定程度与太阳能稳定程度指标 K 值有关，K 值越小，太阳能稳定程度越高，太阳能利用率越高，K 值的计算公式为

$$K = \frac{\max(\mathrm{day}_1, \mathrm{day}_2, \cdots, \mathrm{day}_{12})}{\min(\mathrm{day}_1, \mathrm{day}_2, \cdots, \mathrm{day}_{12})} \tag{2-15}$$

式中：$\mathrm{day}_1, \mathrm{day}_2, \cdots, \mathrm{day}_{12}$ 为 1～12 月中每月日光照时间大于 6h 的天数。

在对综合能源系统园区规划前期，优先考虑当地的资源禀赋状况，以便为园区选择不同特性的设备。K 值较大时，对太阳能资源的利用程度较小，无法收回投资成本，该地不适合安装光伏发电系统。

关于每时刻光照强度的计算方法，本节主要讲解确定性模型

$$\begin{cases} F_t(t) = B_F \sin\left(\dfrac{t-a}{b-a}\pi\right) \\ B_F = \dfrac{\pi}{2(b-a)}F \end{cases}$$ (2-16)

式中：$F_t(t)$ 为 t 时刻光照总辐射值，W/m^2；B_F 为日光照总辐射小时最大值，W/m^2；a 和 b 为一天内的日出日落时间；F 为日光照总辐射量，W/m^2。

2. 风能资源

风能是一种清洁、储量巨大的可再生能源，综合能源系统建设前期需要对风能资源进行估算。目前对风能资源估算主要采用风能密度等参数。在有效风速范围内的平均风功率密度就是有效风能密度，其公式为

$$\bar{W} = \frac{1}{T}\int_{v_1}^{v_2} \frac{1}{2}\rho v^3 P'(v)\mathrm{d}v$$ (2-17)

式中：v_1 为风机有效切入风速，m/s；v_2 为风机有效切出风速，m/s；$P'(v)$ 为有效风速范围内的条件概率分布密度函数，其关系可以表达为

$$P'(v) = \frac{P(v)}{P(v_1 \leqslant v \leqslant v_2)}$$ (2-18)

式中：$P(v_1 \leqslant v \leqslant v_2)$ 为风速在 $v_1 \sim v_2$ 范围内的条件概率分布密度函数。

3. 地热能资源

地热能主要分为浅层地温能供热、制冷和中深层地热供热。地热能的丰富情况对综合能源系统地源热泵等设备的安装与效益影响较大，在综合能源系统建设前期需要实地勘探当地地热能情况。我国浅层地热能资源量的估算值见表 2-3。

表 2-3　　　　我国浅层地热能资源量的估算值

省（区、市）	总资源量		省（区、市）	总资源量	
	$\times10^{12}$kWh	折合标准煤（亿 t）		$\times10^{12}$kWh	折合标准煤（亿 t）
北京	3.01	3.7	福建	3.49	4.29
天津	1.75	2.15	新疆	0.486	0.6
上海	2.3	2.83	西藏	0.33	0.41
重庆	1.54	1.89	青海	0.16	0.2
河北	2.32	2.85	宁夏	0.974	1.2
山西	1.67	2.05	甘肃	1.21	1.49
内蒙古	1.8	2.21	陕西	2.24	2.76
辽宁	3.3	4.06	云南	0.972	1.2
吉林	1.84	2.26	贵州	0.687	0.85
黑龙江	3.31	4.07	四川	3.1	3.81
江苏	7.13	8.77	海南	0.978	1.2
浙江	4.57	5.62	广西	1.58	1.94
安徽	3.83	4.71	广东	8.11	9.98
湖南	2.21	2.72	河南	3.45	4.24
湖北	3.92	4.82	山东	3.47	4.27
江西	1.36	1.67	合计	77.1	94.86

2.5.1.3 建筑类型与功能因素

建筑物主要分为生产型建筑以及非生产型建筑，生产型建筑主要为工业建筑以及农业建筑，非生产型建筑主要为民用建筑。各类建筑因功能不同、设计形态不同、建筑物人口密度不同，综合能源系统的能源需求预测也大不相同。因外界环境温度、太阳能辐射等因素的联合作用，建筑物外观、朝向、墙窗面积占比、建筑用材都会影响建筑内部与外部的热量交换，这些因素影响着能源需求的类型以及能源需求的总量。因此，建筑物的形态及用料的不同，对综合能源系统的设计要求是不同的。在规划时，需要考虑建筑物的各类热工参数，才能实现精确的能源需求预测以及保障系统规划的合理性。

建筑功能主要分为工业、办公、商业、教育、医院、宾馆以及娱乐设施。建筑的功能不同决定了能源需求特性不同，能源需求总量不同，能源需求时间不同，能源需求模式不同。

1. 工业建筑用能特点

(1) 电负荷曲线（含空调用电）变化明显，且主要集中在上下班时段和工休日时段，两者交替决定电负荷曲线的变化趋势，曲线存在明显峰谷差。

(2) 冷负荷需求在夏季增大且保持稳定。当进驻企业存在科研用冷库需求时，峰值冷负荷中全年的基本冷负荷的比重较高。

(3) 进驻企业的工艺性质决定热负荷，蒸汽需求与电、冷负荷相比较低，冬季办公时段的供暖需求较明显。

工业建筑的电需求（含空调，分冬季与夏季）与冷需求的典型日负荷曲线如图 2-6 和图 2-7 所示。

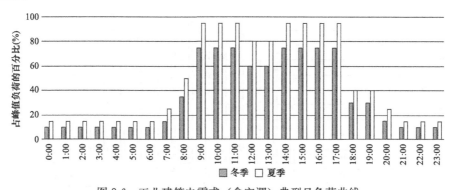

图 2-6 工业建筑电需求（含空调）典型日负荷曲线

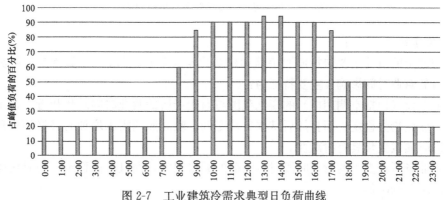

图 2-7 工业建筑冷需求典型日负荷曲线

2. 办公建筑用能特点

办公用地/建筑的用能需求主要来源于室内照明、空调制热/制冷和室内其他电器（如计算机）的使用，其负荷特性主要包括：

（1）电负荷曲线（含空调用电）峰谷特性显著，变化主要集中在上下班时段、工休日阶段，由这两者交替决定，同时存在基本负荷低的特点。

（2）夏季办公期间存在冷负荷需求，冷负荷密度大且稳定。

（3）冬季办公期间存在供暖需求。

办公建筑电需求（含空调，分冬季和夏季）与冷需求的典型日负荷曲线分别如图 2-8 和图 2-9 所示。

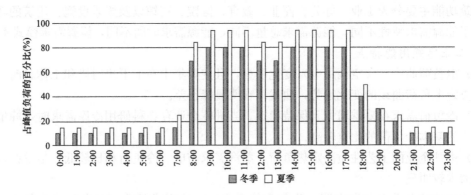

图 2-8　办公建筑电需求（含空调）典型日负荷曲线

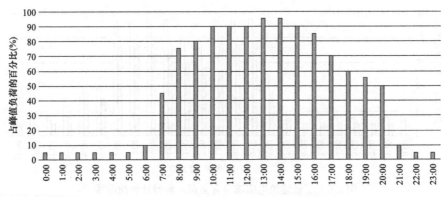

图 2-9　办公建筑冷需求典型日负荷曲线

3. 商业建筑用能特点

商业用地上的负荷主要包括照明负荷和建筑内空调制冷/供暖，其负荷变化趋势主要受到商业场所的营业时间影响，主要特征为：

（1）电负荷（包括空调用电）的变化范围与商业场所的营业时间趋势相近。建筑内营业时，电负荷变化趋势稳定，而打烊后基本负荷变低。晚间照明需求增加时日峰值出现，峰谷差明显，同时曲线变化具有阶跃性。

（2）商业场所在夏季的营业时段对冷负荷的需求很大，而且状态稳定，同时场所打烊后对冷负荷需求急剧降低。

（3）冬季营业时段存在供暖需求。

商业建筑电需求（含空调，分冬季与夏季）与冷需求的典型日负荷曲线分别如图 2-10 和图 2-11 所示。

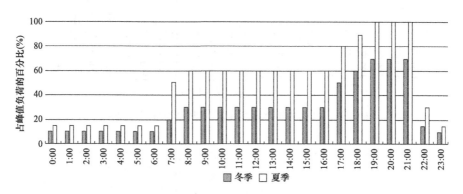

图 2-10　商业建筑电需求（含空调）典型日负荷曲线

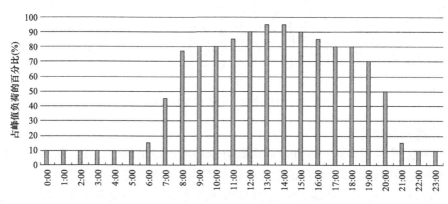

图 2-11　商业建筑冷需求典型日负荷曲线

4. 酒店建筑用能特点

酒店类用地/建筑的用能终端主要包括室内照明、空调供热/制冷、洗浴热水和其他电器的使用，其基本特征包括：

（1）酒店建筑的用电量受入住人数影响，人流量较大的季节通常在暑期，为旺季，冬季为淡季。由于旅客随机性活动较高，所以酒店建筑的日负荷变化呈现较弱的阶跃性。

（2）夏季对冷负荷需求量很大，同时存在变化趋势稳定的特点，而冬季处于淡季所以冷负荷则进入谷期，此时基本负荷量低，整个变化存在显著的年峰谷特性。

（3）酒店建筑存在着少量蒸汽、洗浴热水的需求，其需求量也由入住率和房间数决定，所以整体需求仍与淡旺季相关，并同时呈现峰谷特性。

酒店建筑电需求（含空调，分冬季与夏季）与冷需求的典型日负荷曲线分别如图 2-12 和图 2-13 所示。

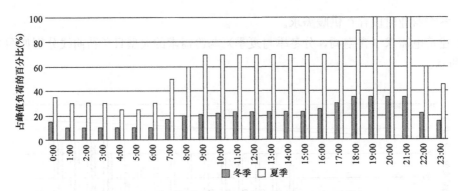

图 2-12　酒店建筑电需求（含空调）典型日负荷曲线

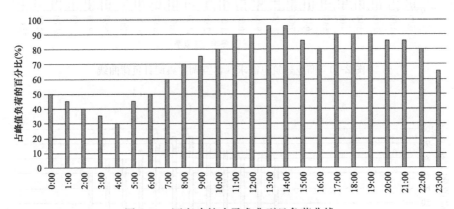

图 2-13　酒店建筑冷需求典型日负荷曲线

5. 医疗建筑用能特点

医疗类用地/建筑因为其特殊性，通常拥有全周期较稳定的电、冷、热需求，所以其配置综合能源的潜力较好。医疗负荷的变化曲线主要具有以下特点：

（1）日电负荷变化曲线主要受到医院门诊时段的影响，日电负荷变化曲线的峰值通常处于门诊运营时段，当门诊运营时段结束后负荷会回到基本负荷值，医疗类建筑因为其工作的规律性和稳定性，所以全年的变化规律基本一致，有较强的预测性。

（2）由于住院部和药物及设备存放区域有一定的温度要求，所以冷负荷需求在全年基本处于稳定状态，夏季门诊部的工作时段会有较大的冷负荷需求，这说明总体上在冷负荷需求稳定的情况下存在峰谷特性。

（3）全年病房热水、消毒蒸汽等热需求稳定。冬季有供暖需求，曲线变化的大体情况与夏季的空调制冷需求大致相同。

医疗建筑电需求（含空调，分冬季与夏季）与冷需求的典型日负荷曲线分别如图 2-14 和图 2-15 所示。

2.5.2　综合能源系统规划优化建模与求解

2.5.2.1　综合能源系统负荷估算方法

在对综合能源系统园区规划时需要对园区的各类能源需求量进行分析预测，确定园区用

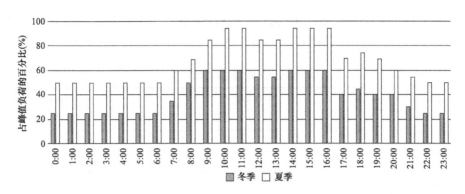

图 2-14　医疗建筑电需求（含空调）典型日负荷曲线

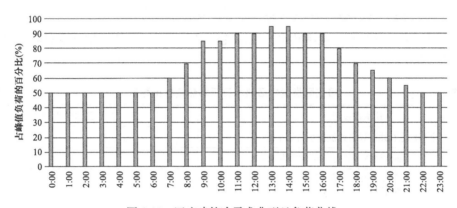

图 2-15　医疗建筑冷需求典型日负荷曲线

能结构。对综合能源系统规划优化的整个建模过程中，负荷预测结果作为输入变量，其准确性对规划结果的各设备装机容量、园区投资以及投资回收期的计算有着关键性的影响。其中，主要分为电力负荷估算以及冷热负荷估算。

1. 电力负荷估算

在建筑行业，通常用负荷密度法以及单位容量法对电力负荷进行估算。负荷密度法是从某地区人口或土地面积的平均耗电量出发做预测，计算公式为

$$A = sd \tag{2-19}$$

式中：A 为地区的年（月）用电量；s 为该地区的人口数（或建筑面积、土地面积）；d 为平均每人（或每平方米建筑面积、每公顷土地面积）的用电量，称为用电密度。

做出预测时，首先预测出未来某时期人口数量 $\hat{s}$ 和人均用电量 $\hat{d}$，则未来用电量预测公式为 $\hat{A} = \hat{s}\hat{d}$。将人口数量换成建筑面积或土地面积，按单位面积计算用电密度，预测公式与此完全相同。

2. 冷热负荷估算

（1）建筑物需求负荷估算。综合能源系统规划建设冷热力负荷主要考虑建筑物空调负荷。冷、热负荷量的大小主要与建筑类型及人口密度有关。空调供冷、供热负荷计算公式为

$$\begin{cases} W_q = E_q G_k \times 10^{-3} \\ W_a = E_a G_k \times 10^{-3} \end{cases} \tag{2-20}$$

式中：W_q 为空调夏季冷负荷，kW；E_q 为空调冷指标，按照表 2-4 选取，W/m²；G_k 为空调建筑物的建筑面积，m²；W_a 为空调冬季热负荷，kW；E_a 为空调热指标，按表 2-4 选取，W/m²。

表 2-4　　　　　　　　　　　　　空调负荷指标值　　　　　　　　　　　　　　W/m²

建筑物类型	冷指标 E_q	热指标 E_a
影剧院	150～200	115～140
医院	70～100	90～120
体育馆	140～200	130～190
商店、展览馆	125～180	100～120
办公	80～110	80～100
酒店、宾馆	80～110	90～120

（2）生活热水负荷估算。生活热水主要指洗浴用水，根据生活区用水设备状况区分热水负荷（见表 2-5）。

表 2-5　　　　　　　居住区供暖生活热水日平均热指标推荐值　　　　　　　W/m²

用水设备情况	生活热水热指标
全部住宅有沐浴设备并供给生活热水时	5～15
住宅无生活热水设备，只对公共建筑供热水时	2～3

注　1. 冷水温度较高时采用较小值，冷水温度较低时采用较大值。
　　2. 热指标中已包括 10% 的管网热损失。

生活热水最大负荷计算公式为

$$\begin{cases} Q_{max} = D_h Q_a \\ Q_a = q_w A \times 10^{-3} \end{cases} \tag{2-21}$$

式中：Q_{max} 为生活热水最大负荷，kW；D_h 为小时变化系数；Q_a 为生活热水平均热负荷，kW；q_w 为生活热水指标，按表 2-5 选取；A 为总建筑面积，m²。

（3）工业热负荷估算。工业热负荷的计算可按照每万平方米工业建筑耗汽指标粗略估算所需的蒸汽量 L，其公式为

$$L = dcR \tag{2-22}$$

式中：L 为工业所需蒸汽量，t；d 为工业建筑耗汽指标，t/(万 m²·h)，见表 2-6；c 为工业建筑的占地面积，万 m²；R 为工业建筑的容积率，%。

表 2-6　　　　　　　　　　　工业建筑耗汽指标 d　　　　　　　　　t/(万 m²·h)

行业名称	机械	轻工业	公共建筑	电子科技	医药	物流	其他规划厂房	化工	不明性质的其他工业建筑
耗汽指标	0.34	1.23	0.51	0.16	1.53	0.02	0.35	0.68	0.50

2.5.2.2　综合能源系统规划目标

基于国内外综合能源系统协同规划研究上的大量工作，综合能源系统规划优化目标主要围绕全寿命周期内总成本最低、全寿命周期内碳排放最低和能效最高三个目标展开。

1. 全寿命周期内总成本最低

全寿命周期内总成本主要包括综合能源系统初期的建设成本、寿命周期内综合能源系统的运行成本（包括能源的消耗量、人工费用的投入）以及综合系统内部的维护费用等。同时，考虑政府对综合能源系统发电的补贴收益。其目标函数为

$$F_g = \min[f_{in}(x) + f_{op}(p) + f_{mc}(p) - f_{bt}(p)] \tag{2-23}$$

式中：F_g 为全寿命周期内总成本最低的目标函数；$f_{in}(x)$ 为系统投资建设成本；x 为规划建设的决策变量（各种设备的台数），由内层方法寻优获得；$f_{op}(p)$ 为寿命期内系统运行成本，即系统购买天然气、向电网购电等费用；$f_{mc}(p)$ 为系统的维护费用；$f_{bt}(p)$ 为政府对综合能源系统发电的补贴效益；p 为系统运行的决策变量（各个设备的出力）。

（1）建设成本。综合能源系统的初始建设成本主要由设备的购置成本、安装成本、土地费用和其他费用组成，即

$$f_{in}(x) = \frac{r(1+r)^y}{(1+r)^y - 1} \left(\sum_{i=1}^n c^i x^i + \sum_{i=1}^n j^i x^i + \sum_{i=1}^n t^i x^i + el \right) \tag{2-24}$$

式中：r 为折现率；y 为系统的设计寿命；c^i 为综合能源系统内部各设备单台购置成本；x^i 为各设备的规划最优台数；j^i 为综合能源系统各设备占用土地的使用成本；t^i 为各台设备的安装费用；el 为建设阶段花费的其余成本。

（2）运行成本。综合能源系统规划阶段需要考虑到的系统运行成本主要有全寿命周期内的燃料消耗费用、电能购买费用，计算公式为

$$f_{op}(p) = \sum_{i=1}^n P^i \eta^i + \sum_{i=1}^n G^i \kappa^i \tag{2-25}$$

式中：P^i 为第 i 台设备的运转出力情况；η^i 为第 i 台设备的耗电比例系数；G^i 为第 i 台设备消耗天然气的出力情况，κ^i 为第 i 台设备的消耗燃气比例系数。

（3）维护成本为

$$f_{mc}(p) = \sum_{i=1}^n x^i w^i \tag{2-26}$$

式中：$f_{mc}(p)$ 为综合能源系统全寿命周期的所有设备的维护成本；w^i 为单台设备的维护成本。

2. 全寿命周期内总碳排放最低

碳排放最低的目标函数为

$$F_c = y \sum_{i=1}^n x^i N^i \tag{2-27}$$

式中：F_c 为全寿命周期内总碳排放量；y 为整个系统寿命周期；x^i 为各设备的规划最优台数；N^i 为单位周期内第 i 台设备的碳排放量。

3. 全寿命周期内系统能效最高

综合能源系统规划时，考虑系统全寿命周期内的综合能效情况，保证系统内部总体能效最高。其目标函数为

$$F_n = \frac{\sum_{i=1}^n w_i^{out}(x)}{\sum_{i=1}^n w_i^{in}(x)} \tag{2-28}$$

式中：F_n 为全寿命周期内的系统能效；$w_i^{out}(x)$ 为综合能源系统内第 i 台设备的输出能量；

$w_i^{\text{in}}(x)$ 为第 i 台设备的输入能量。

2.5.2.3 综合能源系统规划优化约束

综合能源系统规划设计阶段约束条件如下。

（1）投资能力约束

$$T_{\max} \geqslant f_{\text{in}}(x) \tag{2-29}$$

式中：$T_{\max}$ 为综合能源系统建设最大投资能力；$f_{\text{in}}(x)$ 为规划方案投资成本。

（2）建筑面积的约束。综合能源系统的安装必须考虑资源的多少以及可安装场地的大小，计算公式为

$$\sum_{i=1}^{n} x^i m^i \leqslant A_{\max} \tag{2-30}$$

式中：x^i 为第 i 台设备的优化台数；m^i 为第 i 台设备安装占用的土地面积；$A_{\max}$ 为建设综合能源系统的可使用土地面积。对于建筑面积的约束，各设备还需要考虑专属用地面积的约束，考虑综合能源系统建设的地理位置，如在楼宇屋顶安装光伏板时，需要以楼宇屋顶有效光照面积最大值为约束。

（3）电网供能约束

$$D_{\max} \geqslant \sum_{i=1}^{n} (x^i P_{\max}^i - x^i U_{\max}^i) \tag{2-31}$$

$$\sum_i U_{\max}^i + D_{\max} \geqslant S \cdot L_{\max}^q \tag{2-32}$$

式中：$D_{\max}$ 为电网最大的供电能力；x^i 为第 i 台设备的优化台数；$P_{\max}^i$ 为第 i 台设备的耗电功率；$U_{\max}^i$ 为第 i 台设备的发电功率；$L_{\max}^q$ 为综合能源系统园区内部设计的用电负荷；S 为安全用电系数。

（4）供能设备运行约束

$$\begin{cases} Q_{\min}^i \leqslant Q \leqslant Q_{\max}^i \\ -\Delta Q_{\text{down}}^i \leqslant (Q_t^i - Q_{t-1}^i) \leqslant \Delta Q_{\text{up}}^i \end{cases} \tag{2-33}$$

式中：$Q_{\min}^i$、$Q_{\max}^i$ 分别为第 i 种设备的供冷/供热的最小功率及最大功率；Q_{down}^i 与 ΔQ_{up}^i 分别为第 i 种设备的减少出力与增加出力的爬坡率。

（5）天然气网络容量约束。传输网络约束包括对应的气压和潮流之间的物理定律，计算公式为

$$\begin{cases} cl_{l,y} PQ_{\min,l} \leqslant PQ_{l,t,u,y} \leqslant cl_{l,y} PQ_{\max,l}; & \forall t, \forall u, \forall y, \forall l \in \Omega^{l+} \\ V_{\min,s} \leqslant V_{s,t,u,y} \leqslant V_{\max,s}; & \forall t, \forall u, \forall y, \forall s \in \Omega^y \end{cases} \tag{2-34}$$

式中：$PQ_{\max,l}$、$PQ_{\min,l}$ 分别表示天然气管道 l 流量的上下限；$cl_{l,y}$ 为管道传输流量的安全波动系数；$V_{\min,s}$、$V_{\max,s}$ 分别表示天然气供应商给予的供气量的上下限。

（6）可靠性约束。电量缺口需满足上限约束，计算公式为

$$\Delta L_b^i \leqslant \Delta L_{\max} \tag{2-35}$$

式中：ΔL_b^i 为电能缺口量；$\Delta L_{\max}$ 为电能不足上限。

（7）需求响应约束

$$P_t^{\min} \leqslant P_t \leqslant P_t^{\max} \tag{2-36}$$

式中：P_t 为系统在 t 时刻的负荷；P_t^{min}、P_t^{max} 分别为系统在 t 时刻的需求响应负荷的上限与下限。

2.5.2.4　综合能源系统规划优化建模及求解流程

综合能源系统规划优化建模及求解主要包括数据分析、数据处理、优化模型建立、智能算法求解五大部分。具体流程如图 2-16 所示。

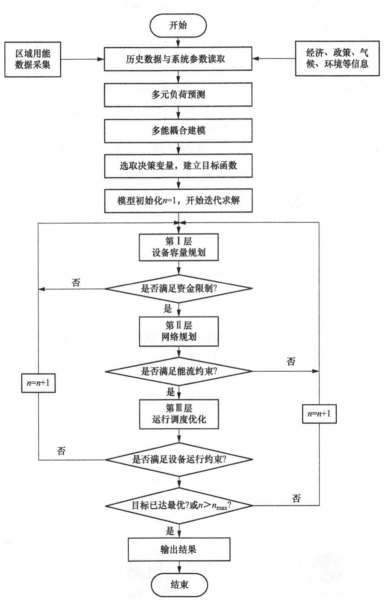

图 2-16　综合能源系统规划优化建模及求解流程图

（1）综合分析综合能源系统区域现状。现阶段国内综合能源系统多数为示范性，需要全面了解该区域的法规政策、人口、基础设施建设、能源利用情况、建筑面积等有效信息。

（2）分析供能侧出力特性。供能侧是以风电、光伏、燃机、储能等分布式设备结合配电网为主要出力能源，应结合经济、气候、政策与环境等条件总结供给侧特点与规划约束。

（3）预测负荷侧的用能特性。通过采集区域内的用电数据，进行历史数据与系统参数读取，采用多种负荷预测及估算方法，多方位预测负荷侧的用能特点，为下一步构建模型做准备。

（4）建立综合能源系统模型。为满足对区域内多种能源的协同规划，直接表示多种能流的耦合关系，需要建立多能源耦合设备数学模型。

（5）建立优化目标函数。根据规划区的资源禀赋制定出拟规划的分布式设备方案，合理选取决策变量，并根据优化目标建立目标函数数学表达式。

（6）系统模型求解。建立系统模型后，进行初始化开始迭代求解。选用智能算法，依次判断是否满足资金和网络的限制、能流约束以及设备运行约束。最后判断是否已经达到目标的最优，若达到要求输出结果，否则继续循环。

（7）规划方案。通过以上步骤的求解，合理规划设备单元的选址，找到符合约束条件、最接近目标函数的综合能源系统的最优方案。

2.5.3　综合能源系统规划仿真案例

1. 规划背景

对南方某园区进行仿真规划，该区域年均降水量约为 1846mm，全年平均气温为 22.5℃，气候舒适程度较高。规划园区主要包括工业、商业、医疗、居住、教育、办公和基础设施等需求主体，供能可靠性要求较高，主要负荷特性明显。

园区面向多能互补能源综合利用的建设需求，以智能配电为基础，建设基于电能的"网电＋分布式光伏、冷热电三联供＋分布式储能"的多能互补智慧能源系统，满足终端用户对电、热、冷、气等多种能源的需求。规划结构见图 2-17。

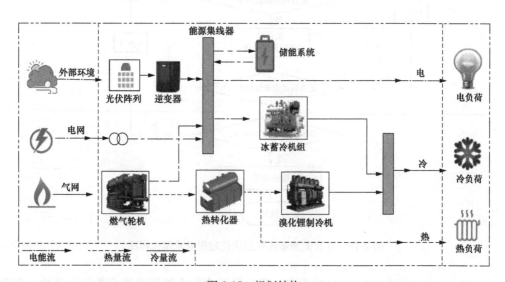

图 2-17　规划结构

2. 园区资源禀赋

根据美国航空航天局 NASA 气象数据库中园区核心点坐标处太阳辐射的变化数据,园区所在经纬的年日照小时约为 2200~3000h,太阳辐射年总量约为 1427.15kWh/m²。模拟全年光照数据,见图 2-18。

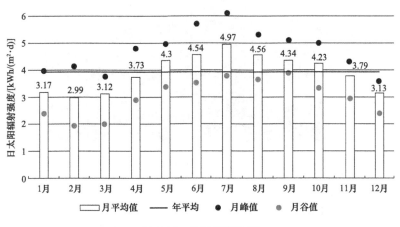

图 2-18 全年光照数据

3. 负荷估算

该园区主要包括居住、商业、工业、办公行政、医疗、教育和公共设施等,基于《城市电力规划规范》(GB/T 50293—2014)中各类地块用电密度的相关规定对该园区的用电负荷冷负荷进行估算,数据见表 2-7,并以此为基础模拟全年的用冷热电负荷曲线(见图 2-19)。

表 2-7

负 荷 估 算

编号	用地类型	规划面积(hm²)	电负荷预测(万 kW)	冷负荷预测(万 kW)
R1	居住用地	885.88	3.55	7.65
C1	商业用地	276.59	9.85	22.13
C2	酒店用地	114.23	2.22	1.71
I1	新型工业用地	362.22	10.75	20.86
I2	普通工业用地	21.96	0.62	0.95
F1	行政办公用地	36.06	0.8	1.44
F2	医疗用地	21.85	0.28	0.48
F3	教育设施用地	115.87	0.77	2.78
F4	供应设施用地	167.98	0.19	0
F5	其他公共设施用地	225.42	0.17	0.45
O1	道路广场用地	766.38	0.06	0
O2	绿地	232.38	0.01	0

4. 园区规划参数

该案例中,各种设备的年成本均采用全周期成本折旧进行计算,具体参数见表 2-8,天然气气价采用固定气价,价格为 2.5 元/m³,分时电价见表 2-9。

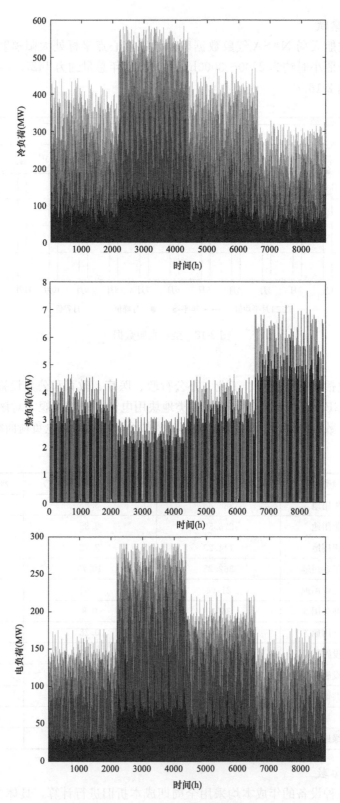

图 2-19　全年的用冷热电负荷曲线

表2-8		设 备 成 本 费 用 明 细		元/kW	
成本	光伏	燃机	溴化锂机组	储能电池	冰蓄冷机组
购置成本	6350	4000	1500	10000	5000
年运维成本	4.3	400	500	1200	400

注 各设备单功率购置成本以及单功率年运维成本均为模拟数据。

表2-9	分 时 电 价	元
峰段电价（12：00～21：30）	谷段电价（21：30～次日8：00）	平段电价（8：00～12：00）
0.9	0.3	0.6

5. 规划目标及策略

本案例采用单目标遗传算法以年总运行成本最低为目标进行建设方案寻优。

案例中设定电能运行方式为"并网不上网型"，即与大电网相连但余量不上网型。设定燃机的运行模式为"以热定电"，因此热负荷应百分百满足。热能和冷能自给自足，实现系统内部自平衡。其中热负荷由CCHP系统供应，冷负荷由CCHP系统、冰蓄冷机组及其他电制冷设备满足。以此为规划策略进行规划仿真，见图2-20。

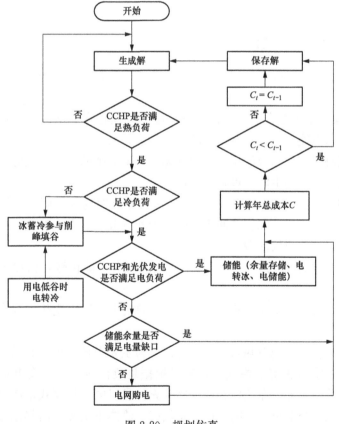

图2-20 规划仿真

冰蓄冷机组在用电低谷时利用低谷电价蓄冷，用冷高峰或用电高峰时融冰释冷，降低高峰时的电能消耗，起到削峰填谷的作用。设置储能设备在系统中的作用是平抑波动，响应负荷的变化，增强用电可靠性。根据综合能源系统规划阶段的一般性原则，设定可再生能源发电完全消纳，因此光伏发电百分百得以利用。

6. 规划结果

利用遗传算法，根据各设备出力模型以及能量约束进行寻优计算，得到最优容量配置结果以及成本构成，见表 2-10 和表 2-11。

表 2-10   容量配置结果

设备	光伏（MW）	燃气轮机（MW）	溴化锂制冷机（MW）	储能设备（MWh）	冰蓄冷设备（MWh）
装机容量	8.22	12.22	3.7	15.1	100

表 2-11   成 本 构 成   万元

方案	初始设备投资	年化投资	年维护费	CCHP 燃料费	储能年更换成本
测算配置方案	178300	14470	2572	1334	312

2.6 综合能源系统运行优化理论

2.6.1 综合能源系统运行策略分析

（1）从综合能源系统与外界电网的交互模式来说，分为并网上网、并网不上网和离网三种运行方式。

1）并网上网模式是指综合能源系统与外界电网之间存在双向电能交换。一方面，电网向综合能源系统输送电能，以满足系统内的负荷需求；另一方面，通过与电网、售电公司或其他用电单位达成协议，将综合能源系统内部无法完全消纳的可再生能源以电能的形式转售给外部主体，从而减少可再生能源浪费并获得收益。

2）并网不上网模式是指综合能源系统仅能从外界电网购电，而无法将系统内多余电量外送。在并网不上网模式下，综合能源系统应合理配置分布式发电容量，并优化各能源之间的协调耦合关系，减少能源的浪费。

3）离网模式是指综合能源系统与外界电网之间没有电能传输，依赖于内部产能机组满足各种负荷。

（2）从热电联产机组的工作方式来说，分为以热定电、以电定热、混合运行、目标最优模式。

传统热电联产运行管理把总热效率和热电比作为主要考核指标，其燃机出力水平主要由以下两种模式确定：①以热定电模式是指燃机根据热负荷需求确定发电量，电能为附属产品，电能不足的部分由其他分布式电源或电网补充；②以电定热模式是燃机出力跟随系统电负荷需求，优先满足系统电负荷，附属产品是热能，热能不足部分由其他分布式供热机组提供补充。无论是以热定电还是以电定热模式，都会在一定程度上造成能源的浪费。

综合能源系统与传统能源供给在用能负荷特性、能源站建设、能源调控、产能供能模式等方面存在较大差异，热电联产机组的运行管理模式发生了变化。主要产生了以下几种运行模式：①混合运行模式是热电联产系统根据实时负荷调整出力策略，采用以热定电或以电定热的运行模式；②目标最优模式是以运行成本、能源利用率、污染物排放等最优为优化目标，在满足冷热电负荷需求的基础上，利用智能算法优化热电联产系统的出力，调整系统运行状态。

（3）储能设备在综合能源系统中承担着能源转换、调峰调频的任务，其跟踪负荷及能源价格变化，合理调整自身出力策略，实现综合能源系统内源侧-荷侧-网侧之间的互动。储能设备包括储能电池、蓄冷设备、蓄热设备以及其他形式的能量储存设备，根据不同储能设备在综合能源系统中的不同角色，将其运行策略分为削峰填谷、平移波动和需求响应。由于储能设备的成本较高，运行调度时应充分考虑其在综合能源系统中的作用，从整个综合能源系统的安全性、可靠性等方面考虑运行的经济性。

2.6.2 综合能源系统运行优化建模与求解

与传统能源供给方式相比，综合能源系统具有元素众多、结构及能流状况复杂、运行模式及能源供给多样等特点，无法形成涵盖所有场景的运行优化模型。因此，综合能源系统运行优化建模与求解应考虑不同综合能源系统的元素种类、优化目标、能流状况、运行模式以及各设备的协调互补关系，从场景选择、目标设置、互补耦合关系设计、算法选择等几个方面开展。

2.6.2.1 综合能源系统运行优化目标

综合能源系统运行优化的目标函数可以从经济性、环保性、可靠性、系统独立性等多个方面考虑，通常从系统运行的经济性和环保性两个方面建立优化目标的数学模型。

综合能源系统运行优化的经济性最优是以系统的总运行成本最低为优化目标，主要包括设备消耗的燃料费用、设备维护费用、所购入能源费用、设备折旧费用，以及采用可再生能源发电所带来的补贴收益。经济性目标函数为

$$F_e = \sum_{k=1}^{w} P_k^{FU} C_k^{FU} + \sum_{k=1}^{w} C_{m\_k} + \sum_{i=1}^{e} C_i^{EN} P_i^{EN} + \sum_{k=1}^{w} C_k^{DE} - \sum_{n=1}^{N} C_n^{RE} P_n^{RE} \tag{2-37}$$

式中：F_e 为系统的总运行成本；P_k^{FU} 为设备 k 总燃料消耗的量；C_k^{FU} 为设备 k 消耗燃料的价格；C_{m_k} 为设备 k 的维护费用；C_i^{EN} 为所购入能源 i 的价格；P_i^{EN} 为能源 i 的购入量；C_k^{DE} 为设备 k 的折旧费用；C_n^{RE} 为第 n 种能源的补贴价格；P_n^{RE} 为第 n 种能源的发电量。

综合能源系统运行优化的环保性最优是以系统运行期间的污染物排放最少为优化目标，主要包括 CO_2、SO_2、NO_x 以及其他污染物排放。构建环保性目标函数表达式时，通常将污染物排放量转化为污染物治理费用。环保性目标函数为

$$F_c = \sum_{i=1}^{I} \sum_{j=1}^{J} P_i \omega_{i,j} C_j^{PO} \tag{2-38}$$

式中：F_c 为污染物排放量；P_i 为第 i 种能源的总消耗量；$\omega_{i,j}$ 为消耗能源 i 所产生污染物 j 的排放系数；C_j^{PO} 为污染物 j 的治理费用。

2.6.2.2 综合能源系统运行优化约束

综合能源系统是一种对多种能源进行统一协调调度的能源供需系统。模型建立需要考虑多种能源在供给、传输以及消费等多阶段的约束条件。

（1）负荷供需平衡约束

$$\sum_{k=1}^{w} P_{t,k}^{ge} + P_t^{e} = L_t^{e} + \sum_{k=1}^{w} P_{t,k}^{ue} \tag{2-39}$$

式中：$P_{t,k}^{ge}$ 是时段 t 设备 k 的发电量；P_t^{e} 是时段 t 电能购入量；L_t^{e} 是时段 t 用户的电负荷需求；$P_{t,k}^{ue}$ 是时段 t 设备 k 用于供能消耗的电量。

$$\sum_{k=1}^{w} P_{t,k}^{h} = L_t^{h} \tag{2-40}$$

式中：$P_{t,k}^{h}$ 是时段 t 设备 k 的供热量；L_t^{h} 是时段 t 该优化区域内的总热负荷需求。

$$\sum_{k=1}^{w} P_{t,k}^{c} - L_t^{c} \tag{2-41}$$

式中：$P_{t,k}^{c}$ 是时段 t 设备 k 的供冷量；L_t^{c} 是时段 t 该优化区域内的总冷负荷需求。

（2）设备运行约束

$$\begin{cases} P_{min\_k}(t)\gamma(t) \leqslant P_k(t) \leqslant P_{max\_k}(t)\gamma(t) \\ P_{\Delta min\_k}(t)\gamma(t) \leqslant \Delta P_j(t) \leqslant P_{\Delta max\_k}(t)\gamma(t) \end{cases} \tag{2-42}$$

式中：$\gamma(t)$ 是时段 t 设备 k 的运行状态，$\gamma(t)=1$ 为开，$\gamma(t)=0$ 为关；$P_{max\_k}(t)$、$P_{min\_k}(t)$ 分别是时段 t 设备 k 的最大、最小输出功率；$P_{\Delta min\_k}(t)$、$P_{\Delta max\_k}(t)$ 分别是时段 t 设备 k 降低或增加出力的爬坡速度。

（3）网络传输约束

$$P_{min\_n}^{Te}(t) \leqslant P_n^{Te}(t) \leqslant P_{max\_n}^{Te}(t) \tag{2-43}$$

式中：$P_{max\_n}^{Te}(t)$、$P_{min\_n}^{Te}(t)$ 分别是电网节点 n 允许传输的最大、最小功率。

$$U_{min\_n}^{Te}(t) \leqslant U_n^{Te}(t) \leqslant U_{max\_n}^{Te}(t) \tag{2-44}$$

式中：$U_n^{Te}(t)$ 是 t 时段电网节点 n 的电压值；$U_{max\_n}^{Te}(t)$、$U_{min\_n}^{Te}(t)$ 分别是电网节点 n 传输电能时所允许的最大、最小电压。

$$F_{min\_n}^{Th}(t) \leqslant F_n^{Th}(t) \leqslant F_{max\_n}^{Th}(t) \tag{2-45}$$

式中：$F_n^{Th}(t)$ 是 t 时段热网节点 n 的流量；$F_{max\_n}^{Th}(t)$、$F_{min\_n}^{Th}(t)$ 分别是热网传输热能时节点 n 允许的最大、最小流量。

$$F_{min\_n}^{Tc}(t) \leqslant F_n^{Tc}(t) \leqslant F_{max\_n}^{Tc}(t) \tag{2-46}$$

式中：$F_n^{Tc}(t)$ 是 t 时段供冷网络在节点 n 的流量；$F_{max\_n}^{Tc}(t)$、$F_{min\_n}^{Tc}(t)$ 分别是冷网供冷时节点 n 允许的最大、最小流量。

$$F_{min\_n}^{Tg}(t) \leqslant F_n^{Tg}(t) \leqslant F_{max\_n}^{Tg}(t) \tag{2-47}$$

式中：$F_n^{Tg}(t)$ 是 t 时段天然气网络在节点 n 的流量；$F_{max\_n}^{Tg}(t)$、$F_{min\_n}^{Tg}(t)$ 分别是天然气网传输天然气时节点 n 允许的最大、最小流量。

2.6.2.3　综合能源系统运行优化求解流程

综合能源系统运行优化建模是基于具体场景中不同元素的角色和作用，建立各能源供给设备之间协调互补的能量流关系。根据综合能源系统的典型特征和运行机制，对综合能源系统运行优化模型的求解（见图 2-21）主要有以下几个步骤：

（1）输入基础数据。根据所建立的运行场景输入优化模型所需的负荷数据、自然资源数据、能源价格政策数据以及气候特性数据等。

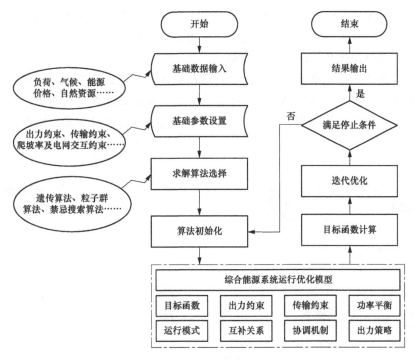

图 2-21　综合能源系统运行优化模型的求解步骤

（2）设置参数。根据所建立的运行场景中包含的元素种类及其运行特性，设置各出力设备的出力约束、传输约束、爬坡率及电网交互约束等运行参数。

（3）智能算法选择。综合能源系统运行优化常用的智能算法有遗传算法、粒子群算法、禁忌搜索算法等，在运行优化前应根据优化模型选择合适的智能算法。

（4）目标函数值计算。根据输入的基础数据和参数设置，在系统约束条件下利用智能算法计算目标函数值。

（5）结果输出。输出优化决策的运行策略结果，主要包括各设备的出力功率、耗能成本、污染物排放和运行费用等数据。

2.6.3　综合能源系统运行优化仿真案例

本节以我国某工业园区综合能源系统项目为案例，进行多种能源运行调度优化仿真。该园区位于我国南部省份，亚热带季风气候，年日照小时为 2200～3000h，太阳能辐射年总量约为 1427.15kWh/m²，光照充足，适宜发展光伏发电。总用地面积约 900hm²，其中建设用地约 600hm²（包括城市绿地与水域），其余 300hm² 主要为生态农林、湿地、郊野公园等。全区主要负荷需求类型为电负荷和热负荷，其中饱和电负荷 9MW 左右，热负荷 0.4MW 左右。

根据当地资源禀赋和负荷需求，采用前文中所介绍的方法对该园区的能源调度策略进行优化。

1. 仿真场景

目前该园区已经建设完成包含光伏、热电联供机组、电锅炉、储能电池等分布式能源设备的多能源供给系统,且完成了与电网的双向输电网络。根据该园区中所包含的设备元素和政策要求,以总运行成本最低为优化目标构建包含多种分布式能源的综合能源系统单目标运行优化模型,并最终以遗传算法求解该模型。

在该优化模型中,热电联产机组采用优化运行模式,与电锅炉形成互补关系。储能电池的主要作用是响应峰谷电价和平抑可再生能源出力及负荷的波动性,从而形成以热电联产机组、电锅炉和储能电池等设备为核心的电、热系统之间的耦合互补关系。该模式下各能源设备的能量流动如图 2-22 所示。

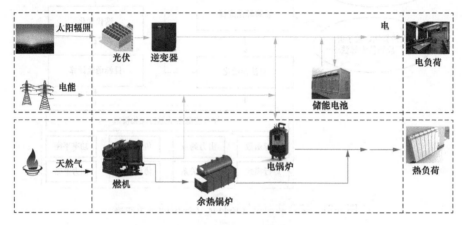

图 2-22 运行优化能流图

2. 基础数据

综合能源系统运行调度策略受负荷特性、成本指标、设备及配套传输网络影响较大。本次仿真使用的基本数据主要包括系统设备装机容量和必要运行参数、设备运行费用、网络传输约束、负荷需求曲线、能源价格。

分析各用能主体的负荷特性,并基于电力系统负荷预测方法预测各用能主体的电、热负荷情况,预测后的负荷数据如图 2-23 所示。该园区主要负荷需求来源为工商业和居民用能,电、热负荷随工作时间变化。

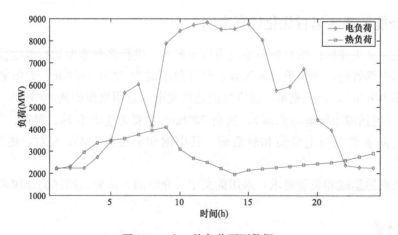

图 2-23 电、热负荷预测数据

系统内各设备的运行边界和系统经济性由各设备的装机容量、运行成本、使用寿命及运行相关参数决定，具体数据见表 2-12 和表 2-13。

表 2-12　　　　　　　　　　　　各 设 备 参 数

设备类型	装机容量（MW）	运行成本（元/kW）	寿命（年）
热电联产	4.5	0.0618	15～20
光伏	0.8	0.55	10～15
电锅炉	2.4	0.0472	10～15
储能电池	0.8	0.0225	5～10

表 2-13　　　　　　　　　　　系统内设备性能参数

参数	单块光伏板额定输出功率	标准测试环境下的光照强度	与电池板表面温度有关的系统效率	燃气轮机发电效率	燃气轮机产热效率	燃气轮机背部热损耗率
参数值	0.26kW	1kW/m²	0.9645	0.3	0.6	0.05
参数	余热锅炉转换效率	电锅炉效率	单台电锅炉额定功率	储能充放电效率	储能充放电功率	储能自放电率
参数值	0.8	0.95	400kW	0.9	500kW	0.02

系统运行成本受能源价格波动影响较大。本次仿真场景的系统外来能源供给种类主要包括天然气和电网供电，其能源价格见表 2-14。

表 2-14　　　　　　　　　　　系 统 各 能 源 价 格

能源类型	时间	单价
天然气	1：00～24：00	3.28 元/m³
电能	23：00～次日 7：00	0.364 元/kWh
	8：00～9：00；18：00～19：00	0.711 元/kWh
	10：00～17：00；20：00～22：00	1.264 元/kWh

3. 仿真结果

根据系统全年的光照和负荷需求预测数据，利用所建立的优化模型和智能算法，并设置仿真步长为 1h，优化该日各设备的出力策略。各设备出力情况如图 2-24～图 2-26 所示。

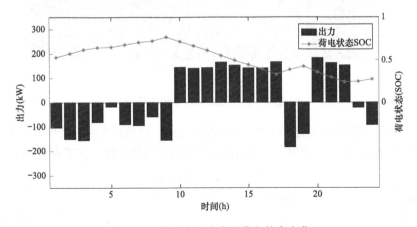

图 2-24　储能电池出力及荷电状态变化

储能电池在1：00～9：00和23：00～24：00充电满足填谷的要求，并且享受低谷电价优惠政策；在10：00～17：00和20：00～22：00放电满足削峰的要求，降低了高峰电价时的外购电量，增强了系统的经济性。为了进一步降低运行费用，储能需要在电价平价时充电，以满足高峰削峰的要求。

图2-25所示是运行优化后各设备为满足电负荷需求的出力情况。由于场景规划的分布式发电设备较少，系统能够完全消纳可再生能源的出力，其余不足部分由电网补充。由于热电联产机组的发电效率不高，分布式光伏出力水平较低，因此该系统的电能主要来自电网。

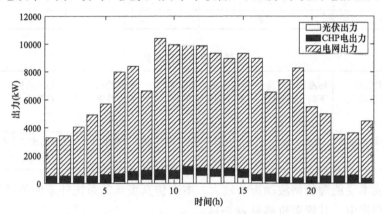

图 2-25　供电系统各设备出力情况

供热系统中，主要由热电联产机组和电锅炉满足热负荷需求。尽管电锅炉制热效率远高于热电联产机组，但热电联产机组热电组合效率高、出力灵活，因此供热系统中以热电联产机组出力为主，电锅炉补充不足的热需求。供热系统各设备出力情况如图2-26所示。

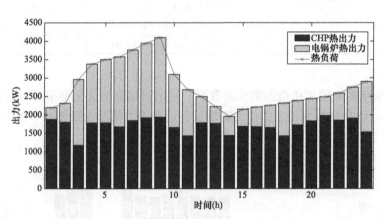

图 2-26　供热系统各设备出力情况

如表2-15所示，优化方案的运行费用主要是满足电、热负荷需求时产生的费用，包括设备折旧、能源购置、运行维护等费用。优化后的方案较市政直供能源，日节省费用4706.03元。

表 2-15　　　　　　　　　　　　　　优 化 方 案 费 用 对 比　　　　　　　　　　　　　元

方案	供热费用	供电费用	总运行费用
直供方案费用	0	0	143164.64
优化方案费用	37532.87	100925.74	138458.61

第3章
综合能源系统市场交易机制

3.1　综合能源系统市场的基本概念与特点

为了更好地实现多能源互补、提高能源利用率，国家要求在综合能源系统中引入市场竞争。近年来，在相关政策指导下，电力、天然气市场进行了结构性的调整以及重组。本部分首先给出综合能源系统市场的基本概念，之后结合能源商品的特殊性，提出综合能源系统市场的特点。

3.1.1　综合能源系统市场的基本概念

综合能源系统市场，是指具有多种能源的能源系统，基于科学的管理模式，以先进的信息技术、能源生产、利用及转化技术为支撑，以具有多元用能需求的用户为主要参与者，集成区域内的煤炭、石油、天然气以及电力等多种资源并引入市场竞争，实现多类型能源的集中交易及优化配置，从而有效满足用户的多元用能需求并提升能源利用效率。

多能互补、多能耦合是综合能源系统市场的基本内涵。多能互补是指基于各类能源之间的平等性、可替代性和互补性，使得电、热、冷、气等多种能源子系统之间能够互补协调。多能耦合是指多种能源子系统在能源生产、运输、转化和综合利用等环节能够相互协调转换，从而达到满足用户的多元用能需求、提高用能效率、降低能量损耗和减少污染物排放的目的。

3.1.2　综合能源系统市场的特点

与传统单一的电力、天然气、区域热/冷市场相比，综合能源系统市场的特点可以概括为以下几个方面。

（1）支撑多类型能源的综合交易。综合能源系统市场的主要目标是进行多种能源之间的交易，而电、热、冷、气等多能源耦合技术的发展使得市场交易主体与交易对象更加多元化，为多类型能源之间的综合交易提供了支撑。

（2）实现大规模分布式市场主体的参与。传统能源市场的寡头垄断模式不再适应分布式风电、光伏、天然气等分布式能源和分布式设备大量接入的要求。而综合能源系统市场能够平等地对待各种市场参与主体，满足对等互联与能源共享的要求。因此，综合能源系统市场进一步开放，竞争性显著增强，将形成具有一定交易自主化的竞争市场。随之而来，综合能源系统市场将不再有交易规模限制，进出市场更容易，博弈程度也更复杂，博弈将延伸到小型分散化市场主体。

（3）支持灵活、智能的能源消费。随着用户购买能源的自主选择权的增加，用户在能源市场的参与度显著提高，参与需求侧响应的积极性逐渐增强。此外，随着能源市场的发展，用户的用能需求出现了差异。能源供应商将开始发展个性化、定制化的能源服务，从而促进能源消费向灵活化、智能化的方向发展。

（4）信息技术依赖程度提高。综合能源系统市场对信息技术的依赖程度进一步提高，信息的采集、传输、计算、分析和共享技术将为市场运行提供决策支持，而信息安全也将成为综合能源系统交易可靠性的重要保障。

3.2　综合能源系统市场体系设计

借鉴大宗商品的市场体系，本部分从市场主体、交易品种、市场类型和市场框架四个方面对综合能源系统市场体系进行设计。

3.2.1　市场主体

综合能源系统是包含电、热、冷、气等多类型能源的复杂耦合系统，数量众多、种类丰富的能源设备导致了多元化市场主体的产生。为保证能源交易的有序高效进行，基于综合能源系统"源-网-荷-储"的整体架构，可以将综合能源系统市场主体结构划分为综合能源供应商、综合能源传输商、综合能源零售商、综合能源用户以及综合能源交易中心五个部分。

（1）综合能源供应商。综合能源供应商有集中式和分布式两种，包括供电商、供气商、供热/冷商以及提供多能源的综合供应商等，其职责主要是生产或提供电、热、冷、气等能源商品。

（2）综合能源传输商。综合能源传输商包括输配电网运营商、天然气管道运营商以及供热/冷网络运营商等，其作用类似于"物流服务商"，主要是保证各类能源商品的流通。

（3）综合能源零售商。综合能源零售商包括电、热、冷、气等单一零售商以及综合能源零售商，其职责主要是从批发市场购买能源商品并销售给终端用户。除此之外，随着大量分布式能源生产、转换和储存设备的出现，综合能源零售商向着综合能源服务商转变。综合能源服务商主要负责微电网，分布式风力发电、光伏发电、储能装置、电动汽车/充电桩等灵活性资源的管理、运营和信息服务。

（4）综合能源用户。在综合能源系统市场，用户积极参与需求响应，增加了需求侧资源的可控性。此外，在综合能源系统市场中，用户不再是单纯的能源消费者，也可以生产和出售能源，形成了新的"产消型能源用户"。例如：带有自备热电厂的工业用户可以将多余的发电量和热量卖给其他用户；拥有屋顶光伏、电动汽车的居民用户可以在用电高峰时期为其他用户提供电能，缓解用电压力。

（5）综合能源交易中心。由于电力、管道天然气等能源商品对于时空连续性具有很强的要求，因此必须建立综合能源交易中心，进行多级能源的调度，以实现能源供需的实时平衡，保证能源质量，维护能源输送的安全性。除此之外，综合能源交易中心为不同能源之间的交易提供平台，保证交易的顺利进行，促进交易市场的健康有序发展。

3.2.2　交易品种

交易品种是指用于市场交换活动的各种交易对象，综合能源系统市场中商品种类丰富多样，具体包括基本能源商品、辅助服务商品、增值服务商品和金融衍生商品四类。

（1）基本能源商品。电、热、冷、气等多类型能源商品是综合能源系统市场中最核心的交易对象。电、热、冷商品为不计生产形式的电量、热量、冷量。天然气商品为气量，可以分为管道天然气（pipeline natural gas，PNG）、液化天然气（liquefied natural gas，LNG）及压缩天然气。其中管道天然气主要通过天然气网络进行传输，天然气网络的建设、运营和维护也是综合能源系统市场的关注重点。由于用户消费电、热、冷、气等商品的本质是获取生产和生活所需的光、热、冷以及动力，因此用户能源需求可以用"一体化能源商品"来描述，即将电、热、冷、气需求用 BTU（british thermal unit，英国热量单位）等单位统一化，使能源之间可以相互转化或替代，从而催生更为自由灵活的能源交易。

（2）辅助服务商品。为了完成能源商品生产和输送、保证能源商品质量以及维护能源系统安全运行所采取的一切辅助措施都属于辅助服务。多能耦合导致综合能源系统市场的辅助服务商品更加多元化，主要包括电、热、冷、气等各类型备用，电压和气压支撑，可中断/控制负荷以及黑启动服务等。

（3）增值服务商品。目前，用户的节能环保意识、参与市场的积极性越来越强，因此用户不再局限于单纯的能源消费，而是出现了对增值服务的新需求。在信息技术与能源系统的深度融合下，基于大数据对新能源和各类负荷进行准确预测、分析不同类型用户的用能行为、为用户定制个性化的用能方案等增值服务商品都将为用户带来可观的经济效益以及更优的用能体验。

（4）金融衍生商品。随着综合能源系统市场化程度的提高，能源的金融属性愈发凸显。因此，开发合理的金融衍生商品，从而进一步增加市场交易的流动性、降低市场风险尤为重要。例如：电、热、冷、气等能源期货和期权，电、热、冷、气等能源输送权以及碳排放权等环境权益类金融衍生商品对于促进综合能源系统市场的稳定繁荣以及实现全社会的节能减排起到重要的作用。

3.2.3　市场类型

按照交易时间尺度的不同，综合能源系统市场可以分为短期、中期和长期市场。短期市场为现货市场，由于电能具有瞬时平衡性，其生产、输送、分配以及使用必须同时完成，因此电力现货市场一般分为日前、日内以及实时市场。与电力相比，天然气可以实现大规模储存，因此天然气现货交易一般指 30 天以内（最长不超过 3 个月）的短期交易。综合考虑电、热、冷、气等能源商品传输和储存特性的差异，综合能源系统市场的短期市场继续分为实时、日前以及数天三个阶段。中长期市场有助于有效规避现货市场中普遍存在的价格风险，根据交易合约是否标准化可以分为远期和期货市场。

综合能源系统中不同时间尺度市场涉及的商品类型，即市场交易品种与时间结构的对应关系，如表 3-1 所示。短期市场主要进行电、热、冷、气等基本能源商品，短时间内需求变化很大、市场交易受供应量变化影响较大的辅助服务商品以及各类型的增值服务商品的交易。中长期市场主要进行电、热、冷、气等基本能源商品，可中断/控制负荷以及黑启动服务等需求量变化不大、供应量主要由设备特性决定的辅助服务商品，以及金融衍生商品的交易。

表 3-1　　　　　　　综合能源系统市场交易品种与市场类型对应关系

商品类型	短期市场	中期市场	长期市场
基本能源商品	√	√	√
辅助服务商品		√	√
增值服务商品	√		
金融衍生商品			√

3.2.4　市场框架

按照市场范围、交易规模、参与主体及能源类型的不同，综合能源系统市场的市场框架可以划分为中央集中市场和区域分布市场两个层级。

中央集中市场类似于能源批发市场，主要负责广域综合能源系统中的大规模能源交易，其参与主体包括交易规模较大的集中式能源供应商、能源大用户等，市场准入门槛较高。

区域分布市场类似于能源零售市场，主要负责区域综合能源系统中的自由对等交易，其参与主体无规模限制，如分布式能源供应商等，市场准入较为容易。

中央集中市场和区域分布市场框架如图 3-1 和图 3-2 所示。与电力、天然气相比，热力最大的特点在于不能远距离传输，因此热/冷交易全部在区域分布市场中开展，中央集中市场只涉及电力、天然气的大规模交易。

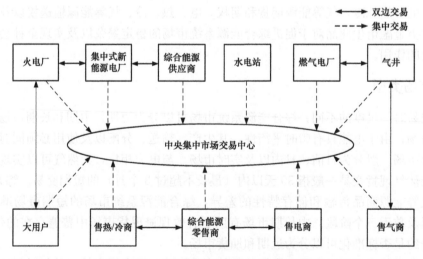

图 3-1　综合能源系统中央集中交易市场框架

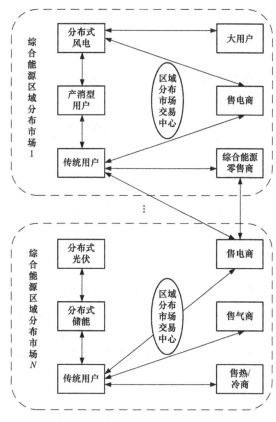

图 3-2　综合能源系统区域分布市场框架

3.3　综合能源系统中央集中市场交易机制

本部分对综合能源系统中的典型能源——天然气、电力和热力的市场交易机制分别进行了研究,选取国内外典型市场从总体框架、市场主体、交易模式、价格形成机制和监管模式等方面进行分析。

3.3.1　天然气市场交易机制

3.3.1.1　国外天然气市场交易机制

目前国外天然气市场有北美、欧洲和亚太三个主要区域。北美和欧洲的天然气市场已基本形成。美国全部和英国 60% 以上的天然气消费都是在天然气交易中心进行交易的。美国的亨利中心(Henry Hub)和英国天然气交易中心(NBP)是全世界最知名的两个天然气市场交易中心。

1. 市场类型

按照交易机制的不同,国外的天然气市场可以分为批发市场和零售市场。目前天然气批发市场的参与者主要由供气方、用气方、中间商、利用季节价差和日间价差盈利的库存商组成。其中，供气方主要包括国内生产商和进口商，用气方主要包括零售商和大用户，中间商主要包括金融机构和贸易商。零售市场由大型供气商和其他中小型供气商组成。

2. 交易模式

按照交易机制的不同，国外的天然气市场的交易模式可以分为长期合约交易、场外交易和交易所交易三大类别。三种交易类型的优缺点见表3-2。

表 3-2　　　　　　　　　　　　三种天然气交易模式的优缺点

交易模式	优点	缺点
长期合约交易	排除第三方，不受政府管制；供应稳定且交易费用低	双方需要对涉及的所有条款进行协商，谈判难度大、周期长，合同时间过长存在违约风险
场外交易	经纪人交易，方便快捷；标准化合同，交易规范；不受政府管控	中介费用的支付导致成本较高；交易对手风险较大
交易所交易	受到政府金融部门的严格管制，采用标准化合同，信息公开、透明度高	结算和交易都要支付费用，还需缴纳保证金，交易成本高

（1）长期合约交易。长期合约交易是指与天然气生产商签订长期供应合同进行的交易，合约年限通常在3年以上，欧洲以10年以上为主。通货膨胀率与替代能源价格等因素都对交易价格的产生有一定影响。2018年，长期协商合约的市场份额为50%，相比2000年减少了30%。目前阿尔及利亚、俄罗斯、荷兰与挪威等国家的天然气市场中主要运用长期合约交易。

（2）场外交易。场外交易（OTC交易）是供需双方通过经纪人达成的双边交易，是欧洲天然气市场化交易的主要方式，主要实现方式是以经纪人提供的电子交易系统为基础进行双边撮合，市场参与者进行报价或询价，系统对卖家、买家进行自动识别，最后实现交易。场外交易一般分为实际交易和金融交易。以获取天然气实物为目的的交易被称为实际交易，这其中又包含现货交易和远期交易；以天然气避险投机获利为目的的期权交易等被称为金融交易。

（3）交易所交易。交易所交易主要包括现货交易和期货交易。现货交易中的现货又可以被分为短期现货和即期现货。短期现货交易一般在1~2天内即可由交易所组织进行实物交割；即期现货交易是与管道平衡机制相联系的交易机制，是管道公司为平衡天然气管道压力参与的市场交易而设立的对破坏管道系统平衡性的市场参与者的惩罚机制（这种交易可不进行实物交割）。为了投资、保值、避险等金融性目的的实现，天然气期货交易很少进行实物交割，大部分选择用现金清算的方式平仓。

3. 价格机制

在天然气价格形成机制方面，各国在天然气产、供、销环节的市场化程度不同，因而定价机制也有差异。以美国为例，竞争性定价机制被普遍运用于天然气上游市场，井口价完全由市场形成；而服务成本定价机制主要应用于中游管道建设和运营。近年来，天然气价格市场化进程随着天然气现货市场与期货市场的发展而不断加快，美国天然气产业链各环节的价格如今都以亨利中心的市场交易价格为基准。以下是天然气在产、供、销三个环节的价格机制。

（1）井口价。井口价表示的是天然气生产商或供应商在天然气进入高压输气管道之前的天然气交割点将天然气交付给管道运输公司的价格（或海上气田生产的天然气到达岸边的价格）。现在，部分国家的输气管道已向第三方开放，直接向天然气生产商购买天然气、利用管道公司的管道输气并向管道公司支付管道运输费用的除了天然气营销公司和天然气配送公司外，还包括天然气终端用户。在一些天然气进口占比较大的地区如欧洲某些国家，天然气到岸价与井口价接近，可将其到岸价视为井口价。

（2）城市门站价。城市门站价指的是天然气生产商或进口商将天然气以井口价或进口价卖给天然气管道运输公司或者销售公司后，管道运输公司及销售公司再将天然气输送到城市门站并将其出售给城市天然气配送公司的价格。

（3）终端用户价。终端用户价是包含天然气自身价格和过程中所有服务费的总和。它指的是天然气终端用户从售卖天然气的公司中购买天然气所用的价格。

4. 监管机制

国外天然气市场监管机构及其职能因各国市场开放程度不同而各有特点。以美国为例，美国天然气管制体制采用联邦政府和州政府两级监管的监管方式，两级监管的主体不同。联邦政府层面是联邦能源监管委员会作为监管主体，它的主要职责是监管州级以上天然气再销售的输送及销售过程；批准州级以上天然气产业中各种设备的建设废弃事项；监管天然气产业及其政策相关的环境情况；监管天然气企业相关的会计及财务行为与规则等。州政府层面是公共服务委员会（或公共事业委员会）作为监管主体，它的主要职责是监管州内天然气配送等各类设备选址建设等。总体来看，联邦能源监管委员会及州公共事业委员会仍可直接监管天然气中游管道公司，而生产商及营销商受政府管制程度相对较低。

3.3.1.2　国内天然气市场交易机制

1. 市场类型

目前我国天然气市场不够完善，主要包括产、供、销纵向一体化为主的市场和正在发展的期货市场。产、供、销纵向一体化是指中国石油天然气集团有限公司、中国石油化工集团有限公司等产、供、销一体化的上游供气公司将天然气销售给地方配送公司，管道直供大用户。期货市场是指在天然气交易中心开展夏季和冬季天然气预售，实现期货的价格发现功能。

2. 交易模式

与国际相比，我国天然气交易的市场化程度较低，交易模式单一，天然气交易合同和供用气条件缺乏灵活性，价格执行国家规定的固定价格，属于寡头垄断市场。为探索天然气市场化交易机制，2015 年 7 月 1 日上海石油天然气交易中心启动试运行，交易品种包括 PNG（管道天然气）和 LNG（液化天然气）两类，交易时间与 A 股一致。交易模式主要包括招标交易、挂牌（协商）、竞价。

3. 价格机制

目前我国的天然气行业发展还处在初期阶段，中国石油天然气集团有限公司、中国石油化工集团有限公司以及中国海洋石油集团有限公司这三大国有企业对天然气行业有较为绝对的控制作用。该行业具有一定的垄断性质，其定价机制如下：①石油相关企业向国家提供成本类数据；②国家通过"成本加成法"确定相应系数，制定基础价格；③企业根据自身特点在 10% 的浮动比率内对基准价格进行调整得到最终的出厂价格。

（1）非居民用户天然气价格。目前，我国最新的天然气出厂基准价格是根据《关于理顺非居民用天然气价格的通知》（发改价格〔2015〕351 号）制定的。此次对非居民用气使用价格的调整主要是考虑到 2015 年制定的完成存量气和增量气价格并轨的任务，并综合分析国内天然气市场情况以及可替代能源在当前能源市场的价格优势。调整之后直供用户（向天然气生产商直接购买，然后用于满足企业自身发展需要的用户）的使用价格完全由市场决定，即由购买者和提供者自行商议。

（2）居民用户天然气价格。居民用户天然气价格主要是根据《关于建立健全居民生活用气阶梯价格制度的指导意见》（发改价格〔2014〕467 号）制定的，主要是实行阶梯价格制度。我国天然气人均占有量不足国际水平的十分之一，但为了鼓励居民使用天然气，一直采用交叉补贴政策，居民用气价格较低，工业用气价格较高。

4. 监管机制

当前，政府对我国天然气行业的监管较为全面，监管范围主要包括天然气资源勘探与开采的监管、天然气经营市场的资格准入监管、天然气及管输价格监管、安全生产监管、重大天然气设施建设监管等。

其中，天然气的资源勘探与开采过程主要是由国土资源部负责监管并实施生产许可证制度；天然气的运输与销售价格的制定与监管以及对天然气产业长期发展的规划主要是由国家发展改革委负责；同时国家发展改革委还负责有关天然气运输管道建设工程的审批等工作，各级发展改革委在审批各地区天然气长输管道建设工程的过程中，将考虑相关环保部门、国土资源部门以及城市规划等部门的意见；城市燃气管网领域的管理主要由国家建设主管部门（住房和城乡建设部）负责，县级以上行政区域内的燃气管理工作由当地地方人民政府燃气管理部门负责，本行政区域内的城市燃气安全监督管理工作通过地方人民政府城建、安监、公安（消防监督）部门按照政府规定的职责明确分工，分别负责；城镇燃气销售价格的确定和调整，最先的提出者是经营企业，随后地区发展改革委或物价部门会对价格确定或调整方案进行审批，经审批后的方案将被组织实施。

3.3.2 电力市场交易机制

3.3.2.1 国外电力市场交易机制（以美国为例）

美国、英国、新加坡和日本等国家均在 20 世纪依次进行了电力市场化改革并取得了一定成就，其中美国 PJM 电力市场是目前机制最健全、效率最高的电力市场之一，具有更丰富的交易机制和交易品种。本部分以美国 PJM 电力市场为例介绍国外电力市场交易机制。

1. 市场主体

美国 PJM 电力市场主体包括发电企业、独立系统运营商、电网企业、售电企业和用户。发电企业只负责发电，参与市场竞争；独立系统运营商负责电力市场交易的组织和结算；电网企业负责输电，不能进行交易，也不能拥有发电厂；而售电企业负责向用户销售电能，在电力零售侧进行竞争。

2. 交易模式

（1）中长期电力市场交易。PJM 中长期电力市场包括年度双边协商交易和自调度计划。双边协商交易是指买卖双方通过提前签订合同约定成交电量和电价的交易形式。自调度是指自备电厂用户将发电曲线上报独立系统运营商，以满足系统调度优化的需要。

（2）日前市场交易。日前市场是 PJM 中长期交易的主要形式。由市场供需双方向市场交易中心报价，市场交易中心根据报价以及系统安全约束等确定次日 24h 的现货交易量和价格。市场采用买卖双方报价机制，报价内容包括市场参与者的地理位置、技术参数及不同容量所对应的供给或需求价格。日前市场的主要目的是按照总成本最低的原则，形成第二天的分小时调度计划与节点电价。

(3) 实时平衡市场交易。实时平衡市场是一个即时交割的现货市场，PJM 电力市场根据安全规则约束下的经济调度原则对机组进行实时调度，与机组进行事后结算。日前市场和实时平衡市场采用不同的结算原则。日前市场的结算主要基于在市场中形成的每小时电量和电价，实时平衡市场的结算基于实时调度的电量与日前市场达成交易的偏差量和实施市场价格（由每 5min 实时电价累积计算形成）。

3. 交易内容

(1) 电能交易。在 PJM 电力市场中，市场主体通过中长期电力市场、日前市场和实时平衡市场进行电能的交易。调度交易中心在满足系统安全约束的条件下进行结算。

(2) 辅助服务交易。PJM 辅助服务市场包括日前 30min 备用市场、调频服务市场、10min 备用市场和 10min 非旋转备用市场，无功电压服务和黑启动服务也由 PJM 电力市场统一进行采购。日前 30min 备用市场与日前电能市场联合出清，采用统一市场出清电价。调频服务市场、10min 备用市场和 10min 非旋转备用市场每小时出清，采用安全约束经济调度工具联合出清电能与辅助服务。辅助服务价格由每 5min 的事后节点边际电价（LMP）计算得出，其中调频服务市场采用统一市场出清电价，10min 备用市场和 10min 非旋转备用市场采用分区统一出清电价。依据售电公司最大负荷占总负荷的比例，以及各市场成员实时计划与日前计划的偏差大小分摊各种辅助服务费用。

(3) 容量交易。在 PJM 电力市场中，发电机组容量参与容量市场主要有两个途径：一是参与提前三年的基本容量拍卖，供电商在这个市场中购买三年后的发电容量以保证电力供应；二是在三年间 PJM 会组织增量容量拍卖，对于因供需变化带来的容量需求变化，均在此市场中进行交易。可参与容量交易的机组主要包括以下三类：一是发电机组容量，PJM 调度区域内和其他区域的机组均可参与拍卖；二是需求侧响应资源；三是输电升级改造增容资源。

(4) 金融输电权交易。金融输电权（financial transmission right，FTR）是 PJM 电力市场引入的一种金融工具，可以看作以潮流阻塞为交易标的的期货产品，一般采用拍卖的形式，中标者根据中标线路的阻塞严重程度获取利润。为平抑线路阻塞引起的市场波动，PJM 引入金融输电权工具，为参与交易的市场成员提供了线路阻塞的价格信号，从而引导参与交易的主体规避阻塞，进而实现输电总成本最低。金融输电权共有三种获取方式，即每年举行一次集中拍卖、二级市场中的双边交易，以及月度举行的剩余输电权集中交易。

4. 价格机制

(1) 批发市场交易价格。批发竞争模式下，售电公司和大用户有选择发电厂的权利，发电厂也可以把电卖给不同的售电公司或大用户，而不是只能卖给单一买电机构。独立的售电企业从批发市场购进电力，在零售市场上向用户销售，并与配售企业和其他的独立售电企业展开竞争。在此结构下，采取公开报价形式按各厂的边际报价确定批发价格，实际竞价上网，以小时和天为单位进行电力批发交易。

(2) 零售市场交易价格。零售市场交易价格是指电力零售市场中售电公司与电力用户签订的套餐电量价格，主要由电力批发市场购电的成本、售电公司为电网公司代收的过网费、售电公司营运成本和合理利润，以及国家环境政策导致的附加成本构成。

（3）输配电价。输配电价是指电网企业在其经营范围内为用户提供输配电服务的价格。美国电力市场采用投资回报率（rate-of-return regulation，ROR）管制的方法进行输配电价的核定。该方法在成本监审的基础上，通过补偿全部成本，直接控制投资回报率从而间接控制价格，是一种采用成本加成方法确定主体公平合理回报率的定价制度。

（4）辅助服务市场交易价格。辅助服务是为了维护电力系统的安全稳定运行和保证电能质量所必需的服务，主要包括频率控制、备用容量、负荷跟踪、无功调节、黑启动等服务。美国 PJM 电力市场部分辅助服务的定价机制见表 3-3。

表 3-3　　　　　　　　　　美国 PJM 电力市场部分辅助服务的定价机制

服务类型	定价机制
频率响应备用	通过市场公开招投标来获取，采用市场出清的形式来确定其价格，并按照使总支付费用最小的原则来联合优化
无功调节	在考虑机会成本的情况下，采用费率制进行定价
黑启动	基于成本的定价方式

5. 监管模式

PJM 电力市场监管主要通过电力市场准入监管和电价监管两个渠道。监管机构可根据成立主体级别分为联邦级和州级，联邦能源管制委员会隶属于美国能源部，州级主要是公共事业的监管机构。

（1）电力市场准入监管。PJM 电力市场准入设置了严格的规定：未经监管机构的批准，任何个人或机构都不得新建或改扩建电站和电网项目，不得中止现有电网的运行。电力市场中的各类型交易主体的资格、合同、兼并重组等，以及调度机构的设立和收费标准，都需要得到监管机构的审查批准。

（2）电价监管。PJM 电价可以分为两类，一是跨州的输电业务和电力批发业务；二是配电及州内电力零售业务。前者电价核定由联邦能源监管委员会负责，后者电价核定由各州公共事业委员会负责。核定电价是监管机构管理公共电力公司的另一主要手段。

3.3.2.2　国内电力市场交易机制

1. 总体框架

《关于进一步深化电力体制改革的若干意见》（中发〔2015〕9 号，简称电改 9 号文）提出的"三放开、一独立、三强化"改革思路进一步加速了电力市场化改革的进程。在此背景下，明确电力市场主体、捋顺各主体之间的相互关系对于稳步推进电力市场建设工作至关重要。鉴于此，本部分主要对未来电力体制改革目标模式下的电力市场主体构成及各主体之间的业务界面进行分析。

2. 市场主体

电力市场主体是指进入电力市场的有独立经济利益和经营财产，享有民事权利和承担民事责任的法人和自然人。按照新电改配套文件《关于推进电力市场建设的实施意见》的相关政策规定，我国电力市场主体包括各类发电企业、供电企业（含地方电网、趸售县、高新产业园区和经济技术开发区等）、售电企业和电力用户等。各主体协调配合共同参与电力市场中的电力交易，形成完整有效的市场机制并接受政府机构的监管。

3. 交易模式

我国电力交易包括批发市场和零售市场，市场交易主体根据自身需求在批发和零售市场中进行自主双边交易或者集中交易，并依靠辅助服务市场保证电力系统的稳定与平衡。目前我国电力市场交易模式如图 3-3 所示。

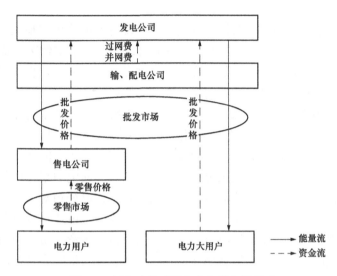

图 3-3　新电改推动下电力市场交易模式

在零售市场中，售电公司作为卖方，与作为买方的小型电力用户达成合同交易，之后由售电公司作为代理参与批发市场交易。售电公司根据交易结果以零售价格为用户提供电能服务。

在批发市场中，发电公司作为卖方，与作为买方的售电公司和电力大用户达成购买合同。其中电力大用户可以直接通过批发市场与发电公司达成购买合同，跳过售电公司这一环节，获得低于小型电力用户的电力价格。在市场成交的电力交易通过输、配电网络送达用户时，发电公司根据其接入容量给输、配电公司缴纳过网费、并网费，所产生的费用均由用户电费分摊。

4. 交易内容

（1）电能交易。市场电能即为不执行政府定价的电能，是在电力市场中交易的电能，价格由市场形成。在《电力中长期交易基本规则（暂行）》（发改能源〔2016〕2784 号）中提出的市场准入与退出机制中，规定了自愿参与的电力用户原则上全部电能进入市场。

（2）辅助服务交易。辅助服务是指为维持电力系统的安全稳定运行或恢复系统安全，以及为保证电能供应，满足电压、频率质量等要求所需要的一系列服务。我国电改 9 号文已明确规定建立辅助服务市场，并在配套文件《关于推进电力市场建设的实施意见》中指出按照"谁受益、谁承担"的原则，建立电力用户参与的辅助服务分担共享机制，积极开展跨省跨区辅助服务交易。在现货市场开展备用、调频等辅助服务交易，中长期市场开展可中断负荷、调压等辅助服务交易。通过构建辅助市场，可以实现辅助服务资源配置市场化，从而丰富电力调度手段，减轻电力调度的压力，为电力系统稳定运行提供市场支撑。辅助服务市场建设是电力市场建设的重要组成部分，也是调动发电企业特别是火电企业提高辅助服务能力和积极参与辅助服务的迫切需要。

（3）需求响应服务交易。需求响应服务也将随着电改9号文逐渐走向市场化，需求侧资源通过参与调峰、备用和调频可在一定程度上促进可再生能源消纳，维护电力系统的安全稳定运行，同时能够为需求侧带来相应的补偿收益。市场有利于催生差异化、个性化的交易品种和交易类型，激发需求响应资源开发的积极性，推动节能减排，提高能源系统经济性。

5. 价格机制

（1）批发市场电价形成机制。我国批发电力市场现行的电价机制是统一出清价格（market clearing price，MCP）机制，是指在满足一定的约束（如系统约束、机组约束、交易约束等）条件下，发电侧按申报价差由低到高依次排序形成供给曲线，售电侧按申报价差由高到低依次排序形成需求曲线，两条曲线的交叉点即为统一出清价差。在实行统一出清机制的市场中，无论市场主体申报价差高低，只要中标一律按统一出清价差进行结算。

在 MCP 机制下，成熟市场中的发电机组会按照边际成本进行报价，使得市场出清的结果能够满足电力系统安全的约束条件，从而实现电力系统的经济、优化调度。

（2）零售市场电价形成机制。我国电力零售市场主要面向电力市场中的售电公司与小型电力用户，交易价格一般通过双方协商后签订合同确定。售电公司对于零售电力的定价一般有两种方法：①采用自下而上的定价方法，即由搁浅成本、输电成本以及基于市场收取的反映每小时现货价格变化的发电费用所决定的定价方法，适用于竞争市场中回收搁浅成本的情况；②采用自上而下的定价方法，即在搁浅成本没有回收之前把零售价格固定在接近历史最高水平的价位上，直到搁浅成本全部收回。

（3）输配电价形成机制。输配电价是指政府核定的电网企业提供输配电服务的合理费用支出，包括省级电网输配电定价成本、区域电网输电定价成本和专项工程输电定价成本。根据《输配电价成本监审办法》（发改价格规〔2019〕897号）和《省级电网输配电价定价办法》（发改价格规〔2020〕101号），我国目前的省级输配电价组成如图3-4所示。

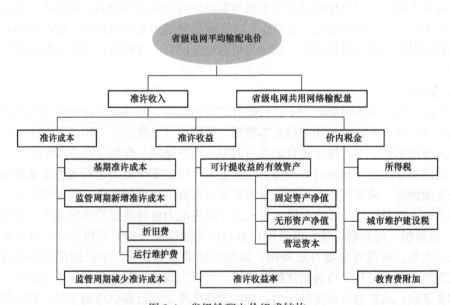

图 3-4 省级输配电价组成结构

输配电价核定以后，需要根据电压等级、用户对象进行分别计算和分摊，《省级电网输配电价定价办法》指出，分用户类别输配电价，应以分电压等级输配电价为基础，综合考虑政策性交叉性补贴、用户负荷特性、与现行销售电价水平基本衔接等因素统筹核定。

目前我国普遍采用的是邮票法，该方法来源于邮电系统的计费方式，其特点为：各项输配电业务，不管输配电距离的远近，不论输配电功率注入节点和流出的位置，只按输配电电能的多少计费。

(4) 辅助服务市场定价机制。辅助服务是指为了维护电力系统的安全稳定运行和保证电能质量所必需的服务，主要包括频率控制、备用容量、负荷跟踪、无功调节、黑启动等服务。我国辅助服务市场化发展相对缓慢，各个改革试点的竞价类型和出清机制存在差异。我国部分辅助服务市场的定价机制见表3-4。

表 3-4 我国部分辅助服务市场的定价机制

市场名称	竞价类型	定价机制
华北调频辅助服务市场	集中竞价	统一出清、边际价格定价
华北地区省网调峰辅助服务市场	集中竞价	统一出清
山西省调频辅助服务市场	集中竞价	边际出清、统一价格
山西省调峰辅助服务市场	双向报价	滚动出清、统一价格
山东调频调峰辅助服务市场	集中竞价	按照"价格优先、时间优先、按需调用"出清
湖南抽水蓄能辅助服务专项市场	双边协商交易和要约招标	根据协商结果和招标结果定价

6. 监管模式

在市场化电力系统环境下，政府监管是正确处理政府和市场的关系、确保电力市场真正发挥作用、发现电力真实价格的前提。具体而言，政府对电力市场的监管内容有如下几个方面：

(1) 价格监管。在完全竞争性领域，价格由市场竞争形成，政府重点监管价格形成过程，对购电程序、采购合同等实施监管，以避免价格的扭曲。在小范围内的非完全竞争领域，政府对价格直接进行监管，确保企业收回成本，获得合理收益，同时避免企业利用寡头地位获取高额利润，损害消费者利益。

(2) 对交易行为的监管。第一，关于竞争性售电侧，包括对竞争性售电市场中市场主体的准入监管，对各售电企业的公开、透明售电业务进行监管，防止企业凭借所拥有的市场势力破坏市场的公平公正原则，保证售电侧市场的合理有效竞争。第二，关于交易机制，包括引导市场开展多方直接交易，并完善省跨区电力交易机制。第三，关于电力机构设置，包括组织筹建独立的电力交易机构负责市场交易平台的建设、运营和管理，并监督其提供结算依据和服务等交易职能。

(3) 电网公平开放的监管。早在2014年，国家能源局下发了《新建电源接入电网监管暂行办法》，首次以文件形式对接入电网相关工作制度备案、接入电网服务、新建电源项目及配套送出工程同步建设情况、接入电网相关工作制度公开情况等内容做出约束。电改9号文实施后，相关文件明确规定了在改革电力市场结构的同时，确保所有的发电企业都有公平地接入电网的权利（即规范市场主体准入标准，进入发电企业和售电主体目录的企业和用户可以自愿到交易机构注册成为市场主体），还要监管对清洁能源发电企业的直接补贴。

(4) 对电力普遍服务的监管。电力行业牵涉到国计民生，需要提供普遍服务，具有一定的公共事业属性。电力普遍服务（即保证任何公民都能用电，满足其基本生活需求）是一种非盈利性的政府行为，是我国政府实施公共管理的重要职责。政府对电力普遍服务的监管包括明确界定电力普遍服务的标准、范围，制定有效的电力普遍服务资金来源及补偿机制等。

3.3.3 热力市场交易机制

3.3.3.1 国外热力市场交易机制

目前国外尚无交易中心开展热力交易，国外的热力市场主要集中在工业用热，并且以热电联产为主要的供热方式。热力市场的产品主要包括蒸汽和热水，业务包括蒸汽和热水的供应销售和供热设施的维护和管理。

1. 市场主体

国外的热力市场主体包括供热企业、居民用户、工商业企业和政府。其中供热企业通过热电联产等方式为用户提供热能；居民用户主要是采暖需求，工商业企业主要是设备生产和运行的热力需求；政府是热力市场的监管方，承担市场准入、热价、供热质量以及消费者权益和投诉等方面的监管职能。

2. 交易模式

家庭供暖用热一般采用单个用户配置采暖和集中供暖两种方式。单个用户配置采暖费用主要是由采暖所需的燃料或者电费支出构成；集中供暖费用一般由热力公司按照一定计价方式收取或者由物业管理公司负责，供暖费用平摊在物业管理费中。由于各个国家的发展水平不同，以及地理位置、气候环境、科技水平等方面存在差异，各个国家对供热方式、收费方式的选择各有不同。

目前部分国家现行的供热定价方式和计费方式见表 3-5。

表 3-5   部分国家现行的供热定价方式和计费方式

国家	定价方式	计费方式
德国	政府推行两部制热费。热费分为两部分，一是居民实际消耗的热量费，约占热费的 70%左右；二是固定费用，约占热费的 30%左右，主要取决于住宅面积	热量计量收费制
丹麦	热价包括固定费用和可变费用。丹麦政府在计算固定费用时使用了大量的参数，如供热空间、设备容量、散热表面额定能力等	热量计量收费制
法国	供热费用＝可变的热量消耗费＋固定费用；其中，热量消耗费＝用户的热量消耗×可变计量热价；固定费用＝日常运行管理和维修的费用＋大修和设备折旧费用＋管网和供热设施的成本费用	热量计量收费制
波兰	价格的制定由政府全程监管，在居民意见以及供热企业等利益相关方意见的基础上，由专家敲定最后价格	按建筑面积收费
韩国	包括固定部分和变动部分。采用分户时，变动部分＝热供应商的热价×热表读数＋10%（10%是考虑热交换站与各消费点之间的管网损失）	流量计量收费制
日本	采用两种定价制度：定额制和两部收费制。定额制的主要对象是采暖量较为接近的用户，不用分别进行采暖量以及采暖费用的复杂计算，只需采用单一的定额收费制度，以低价格作为重要参考。两部收费制中，热费的基本费用包含一部分固定费用，变动费用是根据用户实际用热量来收取的。核定供热基本价格的基础是热供求市场和供热企业正常经营、消费者消费水平正常	热量计量收费制

3. 监管机制

国外政府对供热行业规制的内容广泛，主要有市场准入监管、价格监管、质量监管、消费者权益保护与投诉机制等。热商品的特殊性决定了并不能用工业产品的各方面标准对其进行衡量。因此，不局限于性能、可靠性、经济性、安全性、寿命等指标，政府在规范供热市场规则时有了更大的操作空间，但仍有一定的空间留给政府进行供热行业相关制度的创新。

(1) 市场准入监管。国际上新建供热区的入市机制有招标和企业或用户投资两种。①招标。新建供热区项目由地方政府进行规划后向社会有资质的供热企业公开招标，并编制相应的招标文件组织企业竞标以获得许可权及特许经营权。②企业或用户投资。这里的企业及用户指的是工业企业和投资商投资新建供热系统或热电联产厂，在为自身供热的同时也可为周围用户提供供热服务。近年来较为普遍的一种做法是，政府对当地供热企业作出要求让企业新建供热管网接入新能源。

关于监管方式，国际上现有供热系统常见的方式有租赁协议、入股以及长期特许经营等。除此之外，还有一种可行性较大的入市机制，即政府通过竞争性招标将现有供热企业或所持股份出售给供热行业中新加入的企业。

(2) 价格监管。国际上对供热企业的价格监管大部分是基于激励机制或者基于成本。其中，基于激励的监管机制最常用的具体方法是基于价格的监管；对企业一定时期的产出设定价格的上限。除此之外，还有成本部分调整、浮动回报率以及标尺竞争。基于成本的监管机制是根据企业花费的成本进一步估计企业提供的可回收服务的成本对应的价格，确定合理的回报率，对企业利润进行限制。

这其中，基于价格的监管方式最为常用，原因在于这种方法更便于鼓励企业降低成本并实现利润最大化。监管工作的最终和最重要的目的在于确保企业服务及产品质量的同时尽可能为企业最佳效益创造条件。面对的问题首先是监管期的确定。监管期应确保企业有充足时间来重新配置所需资源，但时间不能过长，否则会导致企业定价偏离市场主导价。目前市场上监管期一般为 3～5 年。

(3) 质量监管。制定供热行业设计和技术标准是国际上保证供热质量的重要手段。所制定的标准应首先满足供热设备及其部件（锅炉、管道、阀门等）的安全可靠性、高效以及环保特性，同时也应保证锅炉厂、管网、控制系统、供电系统等整个供热系统正常、安全、高效运转。除此之外，还应制定运行维护标准确保系统高效的运行维护。国际上对技术标准包含内容归纳如下：①热水水温及清洁度等；②建筑的最低保温隔热性能；③供热中断的最多次数和最长时间；④全额供应签约或预订的热负荷所需的供热参数；⑤供暖时间；⑥设备故障期间的响应能力和继续供热能力。

(4) 消费者权益保护与投诉机制。供热行业很多偶然发生或者无法控制的事件会导致消费者不满。因此，在行业监管过程中，也需要让消费者了解行业中一些具体问题的处理方法及措施等。同时，需要尽快确立有效的投诉机制以保证消费者的正当权益。当前，很多国家在逐渐细化投诉程序并加入多个具体措施确保投诉的有效性。有些国家专门建立相关协会或者部门进行此项工作。

3.3.3.2 国内热力市场交易机制

1. 总体框架

我国的集中供暖大多以热电联产的方式实现，少数社区、学校或公共机构以小型燃气锅炉、燃煤锅炉供暖。在以往计划经济体制下，我国的供暖市场属于区域性的寡头垄断市场机制，热电厂的建设需经过原国家计委、原建设部等审批，确定供热区域范围，供热价格由政府确定。早在 2000 年前后，我国开始酝酿供热体制改革，引入竞争机制，但到目前为止，我国的供热市场化还是没有彻底推广。

当前我国的供热行业发展速度较快，同时多方面改革正处于进行时，如体制改革、技术改革与设备改革等。同时，供热市场迎来外资、民营等多种新的经济成分，市政公用行业的市场化进程加快，市场竞争更加激烈。用热商品化、特许经营、供热市场准入、热计量收费等改革的逐步深化，加上多热源、节能高效、大吨位、地源供热、联片集中供热、科学运行等运营方式的更新将不断推进行业发展。由原有的家庭分散供热、小锅炉房供热逐步转变为区域锅炉房供热、电厂集中供热，供热面积不断增大，管理区域不断扩大，但供热管理方式没有变化，大多采取单一热源各自经营的管理模式。我国供热行业总体框架如图 3-5 所示。

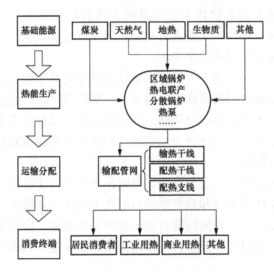

图 3-5 我国供热行业总体框架

2. 市场主体

（1）供热企业。我国供热企业采用的供热热源的形式主要有区域锅炉房、热电厂、工业余热、太阳能、地热等。当前我国能源利用占比最大的仍然是煤炭，城市集中供热的能源中，煤炭依然占据最主要地位。经过多年发展，城市集中热源供热格局大概可以总结为热电联产为主、区域锅炉房为辅、其他热源方式为补充。

（2）热用户。热用户分为两类：一是居民用户，主要是北方居民过冬的采暖需求；二是工商业用户，主要是设备生产和运行的用热需求。

（3）政府。实现集中供热是节约能源、减少环境污染、走可持续发展道路的有效途径，同时，也是提高人民生活水平、改善居民住宅条件和舒适度的重要手段。我国政府作为热力市场的监管者承担对市场的准入、热价、供热质量和环境监管的职责。

3. 交易模式

目前我国采用的是寡头垄断、分散经营的供热管理模式，热电厂和供热公司长期以来都是由政府投资建设、财政补贴运营的，大多隶属于当地政府。企业的生产经营，尤其是涉及较大的投资和经营活动一般由政府安排，企业缺乏真正的自主经营决策权。这种供热模式已经很难满足城市供热发展需要以及人民日益增长的舒适度需求，面对节能环保压力，如何提高管理运行服务水平，进而提高供热市场竞争力，从行业发展规律来看，供热也将和电力系统一样，必将经历从分散到集中再到规模化的过程，最后达到互联互通、互为备用的一体化系统。在管理上实现整个城市供热的"一城一网"新管理模式是未来城市集中供热发展的必然趋势。

4. 价格机制

作为国内大部分地区冬季的必需品，供热需要成熟的价格机制来维持市场稳定。但结合我国国情，某些低收入者没有能力支付热费时，就要求除去基本的定价原则，政府需要发挥其宏观调控作用，制定相应法律法规来控制热价而不能完全依从市场价值规律对供热自由定价。我国供热价格由供热成本、税金和利润构成。这其中，供热成本是决定利润和税金的主要因素，因此，确定热价的关键是确定实际供热成本。

（1）供热成本。根据《城市供热价格管理暂行办法》，供热成本由生产成本和期间费用两部分构成。其中，热商品生产和输送过程中发生的燃料费、水费、修理费、电费、生产工人工资、资产折旧费以及其他应计入供热成本的直接费用共同构成供热生产成本；组织和管理供热生产经营所发生的销售费用、财务费用和管理费用共同构成供热期间费用。

（2）税金。国家对供热企业主要征收增值税、城市维护建设税、教育费附加这三种税。其中，增值税是对商品生产、流通、劳务服务中多个环节的新增价值或商品的附加值征收的一种流转税，一般纳税人的供热企业应缴纳的增值税等于销项税额与进项税额之差；城市维护建设税和教育费附加是以供热企业实际缴纳的增值税为计税依据征收的。

（3）利润。我国供热行业计算利润率是基于成本的，政府制定供热价格时，允许的资本报酬率一般会作为合理利润被计入热价。《城市供热价格管理暂行办法》第十二条指出：利润按成本利润率计算时，成本利润率按不高于3%核定；按净资产收益率计算时，净资产收益率按照高于长期（5年以上）国债利率2-3个百分点核定。

5. 监管机制

（1）市场准入监管。供热行业是一种耗能大的行业，我国政府保持对该行业的监管以防止垄断的产生。目前，为防止垄断，我国一直适当引入竞争机制，允许小厂商、小区域的小型垄断，但保证大区域中各企业的公平竞争环境。

在确保服务高质量的基础上，充分将规模经济效益以及范围经济效益发挥出来，政府会根据供求平衡状况对进入市场的企业数量进行控制，以防进入的企业数量过多导致过度竞争。

（2）价格监管。根据《中华人民共和国价格法》，热力属于少数关乎国家经济安全和国计民生的重要商品，价格应由政府制定。根据八部委联合发布的《关于城镇供热体制改革试点工作的指导意见》："试点城市供热价格可在政府定价的基础上由试点城市人民政府价格行政主管部门按照保本微利的原则制定和调整。需要注意，在制定和调整供热价格时，要严格按照《中华人民共和国价格法》的有关规定，建立听证会制度，征求消费者、经营者和有关方面的意见。"该政策明确我国供热价格的制定主体是政府价格主管部门，热价的认定和调整必须通过听证会，而不是单纯依赖于市场竞争机制和价值规律来形成。

（3）质量监管。供热行业是公共事业的一部分，尤其是在我国北方地区，供热行业是公共事业中很重要的一部分，其服务在整体生产活动中占据重要地位。供热服务的质量监管主要包括以下几个方面的内容：①定期检查、维修和更换供热生产设备、热传输管道、热计量装置等设施，及时排除生产故障隐患；②供热企业有及时处理突发事件（供热管道破损、老化等）的能力，并且结果要令居民满意；③提高供热产品供应的稳定性，无法避免的非突发性供应中断应提前告知居民；④为居民提供日常养护服务与日常用热情况检查等。供热行业的良性发展与供热效果和居民供热效果的满意度息息相关。因此，在供热市场中，尤其是供热行业在区域间逐步引入竞争后，供热服务质量规制将会发挥越来越重要的作用，供热服务的竞争尤其是供热产品质量的保持、热计量服务质量的高低将直接关系到供热企业的生存与发展。

（4）环境监管。在环境保护规制方面，我国对供热行业采用的措施分为直接规制和间接规制。在直接规制方面，以我国供热行业发展现状为参考依据出台《供热行业节能环保指导办法》。一方面，给供热企业制定一定的要求和指南来对供热行业生产经营过程中的节能减排提供指导。另一方面，通过制定相应的目标和对应的惩罚与激励措施，明确供热企业的社会责任。比如对违反该责任所造成的后果予以规制，追究其相应的经济责任和刑事责任，甚至勒令其停业整顿和设立污染税经济措施等。激励规制措施可以是对企业节能减排方面的技术创新或达成指标后进行相应的资金奖励、税收优惠等，并将奖励情况定期公布在业内以起到对同行业其他企业的大范围激励作用。在间接规制方面，对于那些当地经济状况落后、缺乏技术创新外部条件与先进技术应用条件的企业，国家给予一定的政策扶持甚至在条件允许的情况下给予一定的资金与技术支持，在政府的指导下尽量实现企业最大限度地节能减排，并为企业的各类创新与技术进步、环境友好等措施的实施提供有力支持。

3.4 综合能源系统区域分布市场交易机制

3.4.1 市场特点

综合能源系统区域分布市场中，消费者、售能商、储能商、供能网运营商等主体之间实时发生着分散的、点对点的交易，交易的决策由各交易主体自行制定，交易达成后将自动执行。综合能源系统区域分布市场交易主要具备以下特性：

（1）去中心化。综合能源系统区域分布市场整体呈去中心化，各主体之间地位对等，交易过程具有分散化、点对点的特点。

（2）自优化。综合能源系统区域分布市场交易主体可根据价值信号决定是否参与交易以及交易申报的量价信息，进而完成综合能源区域分布市场的自优化，而非仅仅响应调度机构的调度指令。

（3）自动化。综合能源区域分布市场中消费者、售能商、储能商、供能网运营商等市场主体之前发生着实时交易，且价格信号处于不断变化之中，因此要求决策和执行等各个阶段具备自动化响应的能力。

（4）价值响应。综合能源区域分布市场中的价格信号可以反映多类型能源的供求关系，影响交易的量和方向，促进市场的实时供求平衡。

3.4.2 市场主体

综合能源系统区域分布市场中的相关市场主体主要包括以下几个方面：

（1）普通消费者。普通消费者指综合能源系统区域分布市场中，不具备产能能力，用能需求全部通过供能网络交易来满足的用户。普通消费者包括电力消费者、冷热消费者、燃气消费者等。其中每一类消费者又可以分为居民用户消费者、商业用户消费者、工业用户消费者三个层次。

（2）生产型消费者。由于分布式能源和储能既可以有单独的运营主体，又可以"植入"终端用户，故而综合能源系统区域分布市场中存在生产型消费者主体。生产型消费者是指拥有分布式能源，用能需求的一部分或者全部通过自身分布式能源满足的用户。生产型消费者若有多余的能源，可将其在交易平台上出售。对于生产型消费者，又分为有储能能力和无储能能力两类。

（3）储能商。储能商指运营储电、储热、储冷、储气等服务的运营主体。储能商主要收益可分为直接收益和间接收益两部分。直接收益主要指峰谷价差收益、政府补贴收益等，而间接收益包括延缓综合能源网升级收益、提高用户可靠性收益、促进新能源消纳产生的收益等。

（4）售能商。售能商是综合能源系统区域分布市场中的主要供能主体，售能商可以作为独立的市场主体，与其他成员进行交易，也可以是作为用户参与批发市场进行交易的代理商，即售能商同时具有代理属性和交易属性。

（5）供能网运营商。供能网运营商主要指运营着配电网、热力网、气管网等供能网络的运营商。综合能源系统区域分布市场机制下，供能网运营商也可以作为独立的市场主体参与交易，向供能网中的用户发布特定的交易需求。此外，其依然为区域提供供能保障服务，收取供能费用，拥有能源网络资产，负责规划、建设、维护等，即供能网运营商同时具备综合能源网运营属性和交易属性。

（6）市场运营平台。在综合能源系统区域分布市场机制下，市场运营平台主要负责组织、处理市场交易，并存储和发布市场交易的信息。此外，为避免出现违反安全约束的交易和故意制造阻塞以控制市场等行为，市场运营平台还具备安全预警发布、临时交易剪裁和关闭交易等权责。市场运营平台实时监测市场状态，预期可能发生违规交易时，可以提示对应线路、变压器的负荷重载，或发布对应节点发电出力的约束；当形成的交易提交到市场运营平台，其交割违背系统安全约束时，市场运营平台直接实施交易裁剪，并公布相关信息；当系统处于高负载或者不稳定情况时，市场运营平台甚至可以根据市场规则暂停交易，直至系统恢复正常。

3.4.3　交易机制

综合能源系统区域分布市场是一个扁平、去中心化的交易系统，其架构如图 3-6 所示。综合能源系统区域分布市场上交易行为在一个去中心化的综合能源系统交易平台上自主达成并自动执行，各类交易主体的交易行为包括但不限于以下几个方面。

（1）生产型消费者拥有分布式能源，可首先用于自身需求，将余量在综合能源系统交易平台上销售。

（2）具备储能的生产型消费者享有对自身储能的控制权，可在储能设备允许的情况下，根据自身交易策略制订储能设备的充放计划。

（3）消费者可以同时参与综合能源区域分布市场的实时交易和长期交易。

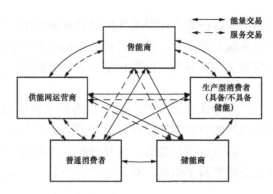

图 3-6　综合能源系统区域分布市场的交易架构

（4）售能商由于其代理用户的用能偏差或交易误差，可以通过系统交易平台对偏差进行调节。

（5）供能网运营商也可参与市场交易，交易目的是实现其供能网络的安全稳定运行。此类需求也可以转化为具体的交易标的物（辅助服务），在平台上向部分或全部成员发布，如向某条馈线、管道上成员发布降负荷请求等。

（6）其他的能源金融衍生品等增值服务也可以在交易平台上进行交易。

交易时间：综合能源系统区域分布市场中普通消费者可与售能商签订中长期合同，同时也可以与生产型消费者和供能网运营商进行实时的能源交易，即中长期市场和现货市场并存。

交易标的：包括但不限于能量、辅助服务以及以金融衍生品为代表的增值服务。

交易组织：综合能源系统区域分布市场中决策、执行和确认等各个交易阶段趋于自动化，以快速响应价格信号，提高市场的实时平衡能力。

综合能源区域分布市场由于其去中心化的特征，能够整合不同类型的交易方式，更好地发挥市场优化资源配置的作用。同时由于其交易关系在空间尺度和时间尺度的复杂性的提高，需要更高效的信息传输和处理技术作为支撑。

总之，在综合能源系统区域分布市场交易机制下，交易是去中心化的，可实现点对点交易；交易标的考虑到了各类型主体的个性化需求，具备多样化的特点；交易类型同时包括中长期交易和实时交易；交易执行是自动化的。该市场机制一方面可以满足交易主体对于交易类型和经济效益的需求；另一方面可以促进交易实时供需平衡，同时维护系统安全稳定运行。

3.4.4　交易实施流程

综合能源区域分布市场的运行包括交易发起、交易确认、交易执行和交易验证 4 个阶段，各阶段的运行方式如下。

1. 交易发起

综合能源系统区域分布市场的交易可根据交易标的采用自动发起或人工发起。自动发起交易适用于能量交易以及部分辅助服务的交易，具有逻辑清晰和可程序化的特点；人工发起交易适用于售能商偏差调节、供能网运营商减小网损等标的，具有主观性强、操作不易结构化的特点。

自动发起交易具备实时和自动化的特性，由成员的智能决策系统完成。人工发起交易一般面向的是某特定需求，由人工向各交易主体发送，交易标的的格式和内容都不固定。

此外，由于综合能源系统区域分布市场的去中心化特点，市场内无独立的审核机构，因此成员的信用考核由智能校核系统完成，通过审查其历史交易执行情况作出评分。

2. 交易确认

交易确认同样根据交易标的分为自动确认和人工确认。标准格式的交易请求可通过智能决策系统进行自动确认，非标准格式的交易请求需要人工给出判断后，进一步选择成交、协商或拒绝交易。此外，交易确认之后合同将由智能校核系统备案，以对交易主体的履约能力进行评价。

3. 交易执行

交易的执行由成员的能源终端自动执行，该终端可按照交易合同规定内容对能源生产、储存和消费设备实施控制，包括功率、流量等状态。此外，无论是否执行合同，智能检测设备始终监测并存储能源终端的状态信息，包括功率、温度、流量和时间等关键指标。

4. 交易验证

交易验证主要是基于智能检测设备的监测数据，对各个交易成员的交易执行情况进行考核，这一过程由智能验证终端完成，验证结果可自动存储，一方面作为合同结算依据；另一方面可用于对市场成员的履约能力和信用等级的判定。在综合能源系统区域分布市场引入奖惩机制后，可根据交易验证结果对不同信用等级的成员实施一定的激励和惩罚措施。此外，由于电能传输的基尔霍夫定律，在交易验证时并不考虑电源和用电设备的匹配情况，而是分别考察交易双方是否履行了合同约定内容。

3.4.5 基于区块链的区域分布市场交易技术

3.4.5.1 区块链技术与区域分布市场交易的兼容性

区块链是一种将记录了交易数据的区块以时间顺序相连组合而成的链式结构，其本质上是一个去中心化的分布式数据库，借助于非对称加密、默克树等技术保证信息不会被外部攻击而篡改，从而保障数据的安全。区块链技术具备分散化、匿名性、可靠性高等特点，这些特点也与综合能源系统区域分布市场交易的诉求相契合，因此本节从以下几点分析区块链技术与综合能源系统区域分布市场交易的兼容性，以期提高交易的效率，保证双方交易的安全，如图3-7所示。

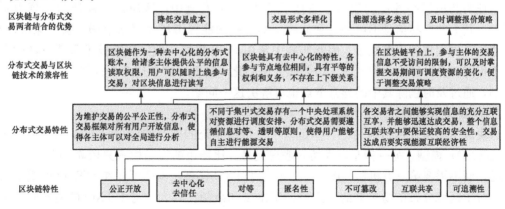

图3-7 分布式交易与区块链技术的兼容性分析

鉴于区块链技术与综合能源系统区域分布市场交易在公开、对等、互联共享等方面存在兼容性，两者结合具有以下优势：

（1）交易成本降低。区块链技术的分散化特征允许综合能源系统区域分布市场主体之间进行点对点交易，由于加密算法可保证交易的安全可靠性而不需要借助第三方平台，因此可以降低交易的信用成本和管理成本。

（2）交易形式多样。由于区块链技术为综合能源系统区域分布市场提供了可信的广播和存储平台，买卖双方可实现点对点互动，因此可以催生更多的交易形式和交易品种。

（3）能源选择多类型。区块链中的数据具有追溯性，消费者可知道其购买的能源为常规能源还是清洁能源，从而拥有更多的能源选择。

3.4.5.2 基于区块链的综合能源交易框架

1. 共识机制

互联共识是区块链技术去中心化的最核心的问题。在目前的研究内容中，共识算法主要有工作量证明（proof of work，PoW）、委任权益证明（delegated proof of stake，DPoS）、股权证明（proof of stake，PoS）、实用拜占庭算法（practical byzantine fault tolerance，PBFT）、授权拜占庭容错算法（delegated byzantine fault tolerance，DBFT）和高性能共识算法（robust byzantine fault tolerance，RBFT）。表 3-6 是其中 5 种常见共识算法的性能对比。

表 3-6   常见共识算法的性能对比

特性	PoW	DPoS	PoS	PBFT	RBFT
节点管理	公开	公开	公开	准入机制	准入机制
交易延时	高（min）	低（s）	低（s）	低（ms）	低（ms）
数据吞吐量	低	高	高	高	高
考虑节能	否	是	是	是	是
安全性	<50%算力	<50%验证	<50%股权	<33.3%恶意节点	<50%恶意节点
扩展性	好	好	好	差	差

目前对于基于区块链的综合能源系统区域公布市场设想大多数是搭建公有链和运用 PoW 工作量证明共识机制的运营模式。在基于 PoW 的公有链中，区块链已被证明了算力不足 50%时，其上的交易信息不可伪造和修改。鉴于我国能源市场为垄断市场，系统保密性高，51%非法算力出现的可能性小，因此实践中常用 PoW 机制。但区块链技术系统设计中存在着"不可能三角"悖论，即系统无法兼顾去中心化、高效、安全这 3 个性能，运用 DPoS 共识机制，通过及时剔除其中的异常节点也可解决这一问题。

2. 能源交易账户

区块链交易模式包括两种，一种是基于比特币系统的未花费输出（unspent transaction out，UTXO）模型，另一种是以太坊的账户交易。比特币的交易模式只依靠 UTXO 模型完成交易，而不需要第三方机构。图 3-8（a）是 UTXO 模型，由图可知在 UTXO 模型中只关注节点对于区域分布市场交易的买入量、卖出量和余额。以太坊与 UTXO 模型不同，采用设计账户模型的方法，如图 3-8（b）所示，用户可直接看到交易前后账户的状态变化。

UTXO 和以太坊各有优缺点，UTXO 的保密性更强，任何用户的未花费交易信息均无法获取，且 UTXO 可并行运行，缺点是只能实现账户状态简单转换，缺少循环语句，缺少图灵完备性，无法与智能合约相结合，以太坊则可与智能合约结合，通过几行代码实现复杂的状态转换，缺点是无法匿名且难以扩展。

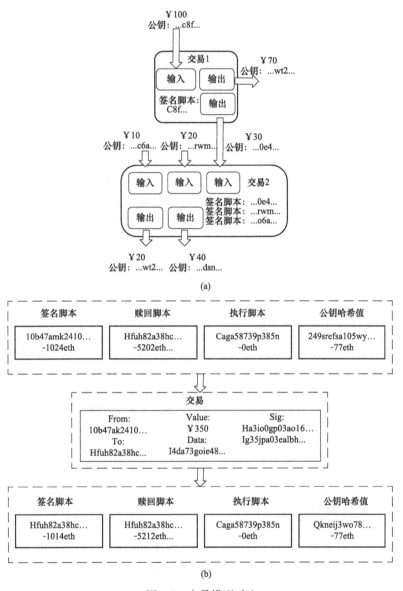

图 3-8　交易模型对比

（a）UTXO 模型；（b）以太坊系统的账户模型

该部分基于以太坊的账户模型概念涉及综合能源系统区域分布市场交易账户，包括外部账户和合约账户两个部分。综合能源区域分布市场中的外部账户的交易是整个系统的信息源。图 3-9 所示为交易过程中外部账户与合约账户的信息传输。外部账户与合约账户传输交易信息，进一步合约账户将状态信息传输至外部账户，触发外部账户状态改变，完成收付款等操作。外部账户之间的交易仅实现简单的价值转移。

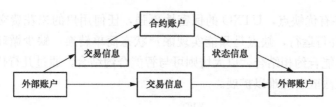

图 3-9 交易过程中外部账户与合约账户的信息传输

（1）外部账户。外部账户具有存放余额、收发交易信息、检测当前交易是否只被处理过一次等功能。外部账户通过私钥来控制是否交易以及存储所有的账户信息和交易记录。交易信息为经私钥签名后的数据包，外部账户可独立发起和响应交易。

（2）合约账户。合约账户与外部账户不同，仅能够响应交易信息，并将生成的状态信息传输至外部账户。合约账户通过处理交易信息作为所存放的智能合约代码的参数输入值，进而触发合约代码并执行。

智能合约的生成过程如图 3-10 所示。智能合约包含交易时间、金额、买卖双方、能源种类等一系列区域分布市场交易信息，是综合能源系统区域分布市场交易区块链上的一个小程序。节点可以根据交易业务需求自行制定智能合约内容，也可以选择系统自适应于不同服务业务的智能合约，即智能合约可根据当地交易主体的能源生产和消费特点及时对内容进行更新，如东部地区首选光伏、西北地区首选风电等。

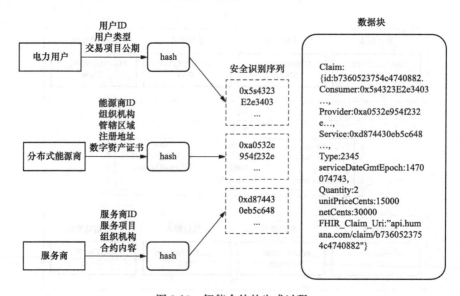

图 3-10 智能合约的生成过程

3. 交易流程

基于区块链的综合能源系统区域分布市场交易平台可采用能源积分代替法定货币或者代币进行资金流的传输。积分发放规则如下：

（1）新节点首次注册登录系统。首次注册登录系统有助于新用户进行试用，增加客户黏性。

（2）节点进行了清洁能源的交易。系统给使用的每单位清洁能源打上标签，节点在购买得到清洁能源时也将会得到绿证，绿证上注明了所购买的能源来源，方便溯源追查。

（3）节点为系统贡献计算量。如节点帮助系统计算默克尔树根、验证交易信息等。

（4）节点获得区块的记账权，打包并管理区块。节点通过股权证明加上投票的 DPoS 机制获得记账权，系统可将碳排量证明或者绿证设置为股权。

在基于区块链的综合能源系统区域分布市场中，各节点仅能通过能源积分进行交易，获得的积分可用于支付电、热、气等能源的费用。能源积分具有可追溯性和可识别性，能够防止被篡改。能源积分作为综合能源系统区域分布市场的一般等价物，可以支持用户消费，支撑产品的流通并发展市场互信。

除此之外，在区域分布市场中还应设立每个节点的活跃值机制，活跃值每次交易结束后进行统计，用以评价该节点参与交易的活跃程度，具体可细分为积极、中立和消极。系统可根据总信誉值实施相应的奖惩措施以促进成员互信，提升市场效率。

4. 结算机制

CDA 拍卖机制：连续双边拍卖（continuous double auction，CDA）是指通过买卖双方报价匹配达成交易，适用于综合能源系统区域分布市场的 P2P 交易。

采用 CDA 机制的核心问题是实现利益最大化。综合能源系统区域分布市场中的成员利益具有不对称性，因此需要建立一个非合作静态博弈模型，博弈主体为综合能源供应商，博弈从体分别为能源用户和分布式能源供应商。

博弈策略：综合能源供应商决定补贴发放的最大化以激励市场交易，每个分布式能源供应商决定自己的出售向量以最大化收益，每个能源用户决定自身的购买向量以最小化成本。

约束条件：为了达成交易，能源用户出价需高于上一周期成交最低价，分布式能源供应商的售价需低于用户的出价。

结合上述对于博弈策略和约束条件的定义可知，博弈主体的行为取决于是否有利于市场，博弈从体的行为取决于是否有利于自身利益。在综合能源系统区域分布市场中，若售价大于出价，则无法达成交易。基于利益最大化的纳什均衡使每一个博弈参与者都能接受该双边拍卖博弈策略。

5. 竞争均衡价格估计

竞争均衡价格（competitive equilibrium price，CEP）是经济学中衡量市场竞争程度的指数，数值接近估算范围内的高频率成交价格。该价格有利于维护市场良性竞争，实现供需平衡。因此，若市场出现价格剧烈波动的情况，有关监管部门可根据 CEP 制定宏观调控政策，维护市场稳定运行。

CEP 的数值接近于估算范围内出现频率最高的成交价格。CEP 是对交易均衡价格的估计，因此可作为交易节点的报价参考，这有利于缩短交易所需的时间。

3.4.5.3　基于区块链的综合需求响应交易框架

1. 综合需求响应的基本概念

在能源互联网背景下，综合能源系统的建立使得传统需求响应模式发生变化，现有的需求响应将逐渐向综合需求响应方向发展。综合需求响应是用户基于系统末端的多能源置换设备以及电力市场、天然气市场、碳市场等多类型能源市场价格信号，对自身用能行为的调整和优化，其基本框架如图 3-11 所示。

由此可见，随着用户侧分布式光伏、储能、储热以及电动汽车等能量单元的接入，用户从单向的消费者逐渐向生产消费者转变。用户侧的可控资源也不再仅仅包含智能家居等可调控负荷，能量生产单元的接入使用户成为具有双向调节能力的虚拟能量单元。综合需求响应能够基于系统的激励信号，通过用户侧的能量管理系统（energy management system，EMS）对这种双向能量单元进行控制。因此，综合需求响应下用户对于系统所表现出来的用能特征是其不同类型能量生产和消费单元自平衡后的综合表现。用户侧可控资源和调节裕度的增加，使得综合需求响应资源对于协调系统中多类型能源供需平衡，以及提高系统运行经济性、可靠性以及灵活性具有重要意义。

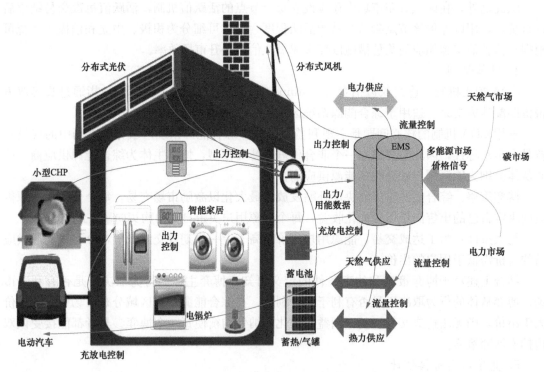

图 3-11　综合需求响应实施的基本框架

2. 区块链技术在综合需求响应资源交易应用

（1）系统模块。综合需求响应资源交易在本质上是不同用户之间用能权的转让，是综合需求响应资源供应节点将自己保留用能惯性和舒适度的权利转让给了综合需求响应资源购买节点。在实际能量网络中，就是综合需求响应资源供应节点将改变自身 EMS 出力/用能曲线的权利通过交易平台转让给了购买节点。区块链技术能够为虚拟的用能权转让提供交易平台，能够避免同一时段综合需求响应资源"双重支付"，追踪不同用户综合需求响应资源交易信息，同时保证用户用能和交易信息隐私。该交易系统应包含以下五个主要模块。

1）交易信息。交易信息是基于区块链技术交易平台的基础单元和内容基础，以区块链作为分布式记账技术来记录基本信息。在综合需求响应资源交易中，区块链网络中的每一条交易信息都是通过交易双方确认且经过系统验证的综合需求响应资源所有权转移记录，其基本结构可表示为

$$T_i = \text{N-Version} \parallel \text{InputNum} \parallel \text{Input}$$
$$\parallel \text{OutputNum} \parallel \text{Output} \parallel \text{N-Locktime}$$

$$(3-1)$$

式中：T_i 为某一条交易信息；N-Version 表示交易记录的次序号或者版本号；InputNum 和 Input 分别表示交易需要的输入数据数量和实际数据；OutputNum 和 Output 分别表示交易结束输出的数据数量和实际数据；N-Locktime 表示 T_i 交易确认的时间。

在综合需求响应的资源交易中，交易记录的输入量 T_i.Input 包括综合需求响应资源提供节点上一次交易记录的区块地址 ID，此次综合需求响应交易的协议交易时间段、协议交易量和协议交易价格；交易记录的输出量 T_i.Output 包括此次综合需求响应交易实际结算的交易量和交易时间段。交易输入量中包含综合需求响应资源提供节点上一次综合需求响应资源的交易记录，是为了方便此次综合需求响应购买节点通过交易记录对综合需求响应资源提供节点的综合需求响应资源质量或者说波动性进行风险评估，为综合需求响应资源购买节点 EMS 进行优化提供相应的风险判据。同时，由于综合需求响应资源交易和实际调用之间的时滞效应和用户综合需求响应资源实际调用过程中的波动性，需要对此次综合需求响应资源交易的事前协调交易量和实际结算量进行记录。在分散能量市场的综合需求响应资源交易中，该部分不考虑通过综合需求响应资源转卖的形式进行套利，一方面是因为区域或者区域能源互联网中综合需求响应资源交易提前量较小，转卖套利可能会使得区域层的能量管理系统面临更多的风险；另一方面，分散能量市场以及区块链的构建就是为了逐渐减少中间商，使得小体量的综合需求响应资源能够无差别地参与市场交易，最大化综合需求响应资源提供节点的效益。

交易完成以后，交易信息需要通过 P2P 网络进行广播，各节点对交易进行验证，交易信息需包含上述所有信息以及交易双方的数字签名以及区域层的 EMS 的确认信息。如果通过验证，可以作为备选交易信息记入下一个数据区块。

2）区块链。狭义的区块链定义就是具有链式结构的数据存储方式，通过区块头中记录的上一区块的信息将系统在当前时段之前的所有交易信息以链式区块的形式进行记录，用户可通过这样的链式结构对交易信息进行查询和追踪。同时，这样的记账方式使得如果想要篡改某一区块链中的信息就需要对当前区块之后的所有区块中的记录数据进行篡改。

区块链系统只会承认最长的链中记录的交易信息，同时时间戳记录的区块时序信息也会记录在区块头中，能够有效提高区块链对于数据篡改的抵御能力。交易信息的认证机制和区块链防篡改性质使得区块链技术能够有效阻止同一时段同一综合需求响应资源的多次交易获利，即综合需求响应资源交易中的"双重支付问题"。在综合需求响应交易体系中，区块的产生速率应和实际的交易结算周期一致，新区块将记录所有的该周期内的已经结算的交易信息。

3）工作量证明。在比特币系统中，工作量证明是将包含当前所有需记录交易信息的 Merkle 根值、前一区块地址信息、时间戳和一个随机数通过 SHA256 算法进行计算。通过该算法，最先计算出 Hash 值小于等于当前比特币系统中目标 Hash 值的参与节点获得记账权，并获得一定量的比特币奖励，这也是比特币系统中比特币的发行机制。

在综合需求响应资源交易中，工作量证明是通过提供有效的综合需求响应资源来实现的，是现实用户对自己用电行为的优化和用能舒适度的转让。在综合需求响应交易系统中，通过发行电子货币奖励提供工作量证明的节点（即综合需求响应资源供应节点）不是必需的，因此，通过求解区块头中哈希问题获得记账权也并不是必需的。可以通过智能合约直接完成现实金融货币与综合需求响应资源购买之间的结算，但该交易需要基于两级 EMS 在交易完成以后对综合需求响应供应节点的计量数据，由综合需求响应资源购买节点直接向综合需求响应供应节点支付现实货币。

4）非对称加密。非对称加密是区块链技术中重要的加密技术，是保证参与节点交易信息隐私以及信息传输可靠性的重要手段。可以类比比特币系统，对于每个综合需求响应交易参与节点设置一对密钥，即公钥和私钥。经过公钥或私钥加密的信息只能通过对应的私钥或公钥才能解密，公钥是公开的，可以在 P2P 网络上公布，而私钥只由综合需求响应资源交易节点保存。通过私钥可以算出公钥，但是通过公钥是无法倒推出私钥的。

在综合需求响应的交易系统中，如果私钥被获取就表示获取了某个参与节点所有时段 EMS 优化边界的修改权限。因此，私钥代表了参与节点综合需求响应资源所有权或者说用能权限。参与节点的私钥可以由系统生成的随机数通过 SHA256 和 Base58 加密后产生，公钥是私钥经过再次加密形成的数字串，而综合需求响应交易参与节点的网络节点地址是公钥再次经过 SHA256 和 Base58 加密形成的，可以说参与节点的网络地址是公钥的信息摘要。

5）智能合约。在综合需求响应交易系统中，由于没有集中的交易机构，通过智能合约实现综合需求响应资源的交易和支付，是该交易系统中的基本支付规则和逻辑。智能合约能够通过设置相应的触发条件和规则，完成交易的执行。在综合需求响应交易系统中，智能合约应该能够根据交易所确定的响应时间和响应量，改变综合需求响应供应节点的 EMS 优化边界（用户整体的优化），即触发综合需求响应供应节点的响应行为。在该智能合约脚本中，应包含综合需求响应前的协议响应量、协议响应时间、综合需求响应资源交易价格以及交易双方的第一次数字签名（公钥）。到了综合需求响应资源调用的时间断面，智能合约触发综合需求响应资源供应节点的 EMS，对该节点整体用能/出力情况数据进行读取，对照交易前该用户向区域层 EMS 上报的用能/出力数据，记录综合需求响应的实际交易量，将交易数据传递给交易双方，双方再次进行数字签名，按照之前的协议价格进行结算。因此，与比特币和其他已有的数字货币结算不同，由于电力或者能量交易与实际结算之间的时间不同步问题，因此需要交易双方进行两次数字签名确认交易信息。

（2）交易流程。未来在没有中心定价机构的配电网/区域能源互联网能量市场中，综合需求响应资源的定价都是实时的，是购买节点用户根据多能源批发市场价格、能量短缺的损失成本或者弃光弃风损失的机会成本，供应节点根据自己用户用能满意度折损成本博弈决策的结果。在配电网/区域能源互联网层面，综合需求响应交易情景主要有两类。

情景一：单一生产型或者具有能量储存设备用户的可再生分布式电源出力突然减少，在自身可控负荷或者储能设备调节能力有限的情况下，可选择向区域内的其他用户购买向下调节的综合需求响应资源，从而避免承担偏差成本。在该情景下，实际是由综合需求响应资源供应节点下调自身用能负荷，将本时段自己原有的能源使用权转让给了综合需求响应资源购买节点。

情景二：单一生产型或者具有能量储存设备用户的可再生分布式电源出力突然增加，在自身可控负荷或者储能设备调节能力有限的情况下，可选择向区域内的其他用户购买向上调节的综合需求响应资源，从而为了避免分布式可再生能源弃电。在该情景下，实际是由综合需求响应资源供应节点上调自身的用能负荷，改变了自己原有的用能策略，调用自身一部分可转移负荷。

本部分将基于情景一的交易模式对基于区块链的综合需求响应资源交易框架进行分析。如图 3-12 所示，在该情景下，综合需求响应资源的交易实质是综合需求响应资源供应节点将原来部分自己的能源供应转让给了综合需求响应购买节点，供应节点的 EMS 记录的用能/出力变化就是综合需求响应交易中实际的结算电量。假设系统中存在潜在的综合需求响应资源购买节点 A 和供应节点 B，其交易基本流程如下。

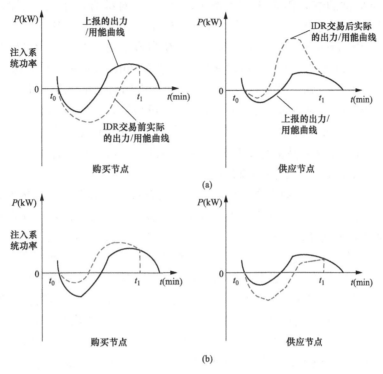

图 3-12　综合需求响应的交易情景

(a) 情景一；(b) 情景二

步骤一：节点 A 预测其分布式可再生能源在时间段 $[t_0，t_1]$ 内会出现较大的向下波动，或者已经出现了较大的出力波动，在自身可控资源无调节能力的条件下，将会在 P2P 网络上发出自己的购买需求信息。信息发布需要节点 A 先用加密函数处理自己的公钥 A-Publickey 和私钥 A-Privatekey，生成用于交易认证和信息传输的地址，其形式为

$$T_{A\text{-}add} = \text{Hash}(A\text{-}Publickey)；$$
$$A\text{-}Publickey = \text{Hash}(A\text{-}Privatekey) \tag{3-2}$$

式中：$T_{A\text{-}add}$ 表示 A 节点地址；Hash 指用户私钥生成节点地址的加密过程，当前私钥生成公钥主要使用的是椭圆曲线加密算法；$T_{A\text{-}add}$ 主要是公钥经过 SHA256 和 Base58 运算后得出。然后节点 A 向网络广播综合需求响应资源购买申请信息

$$M_{IDR\text{-}in}.A = (E_1 \parallel [t_0，t_1] \parallel A\text{-}Publickey \parallel T_{A\text{-}add}) \tag{3-3}$$

式中：$M_{IDR\text{-}in}.A$ 表示综合需求响应交易系统中的所有参与节点都能够接收到节点 A 发出的交易申请信息；E_1 是综合需求响应资源购买需求，在本节中认为综合需求响应资源按电量单位结算，kWh；$[t_0，t_1]$ 为需购买的综合需求响应资源的时段。

步骤二：用户 B 接收到 A 发出的交易申请，在对自身用能需求分析和能源供应情况分析的基础上，认为可以在 $[t_0，t_1]$ 时段为用户 A 提供相应的综合需求响应资源，即自身能够承受相应的用能感受损失，B 节点也会生成对应的交易认证和信息传输地址 $T_{B\text{-}add}$，向节点 A 地址 $T_{A\text{-}add}$ 发送回应信息

$$M_{A\text{-add}}.\,B = (E_2 \parallel [t_0, t_1] \parallel P_0 \parallel LT_{ID} \parallel \text{Sign}.\,B(E_2, [t_0, t_1], LT) \\ \parallel \text{B-Publickey} \parallel T_{B\text{-add}}) \tag{3-4}$$

式中：E_2 为 B 可提供的综合需求响应资源量；P_0 是 B 对综合需求响应资源交易的报价；LT_{ID} 是 B 节点上次综合需求响应交易信息在区块链中的记录地址；$\text{Sign}.\,B$ (E_2, [t_0, t_1], LT) 是 B 通过 B-Privatekey 对交易回应和上次交易内容加密签名。因为可能存在多个综合需求响应资源供应商以及多次报价，所以该信息经过 A-Publickey 加密后发送给用户 A。

步骤三：用户 A 接收到了 B 节点发送的信息，首先用自己的私钥对 B 发送的信息摘要进行解密，得到 $M_{A\text{-add}}.\,B$ 的全部内容；同时，用 B-Publickey 对 Sign. B 进行解密得到签名中的内容信息。其次，通过 LT_{ID} 和对应的 Merkle 树可以快速定位上次的交易，验证上次交易中是否有 B 的公钥，提取交易信息 LT 与签名内容进行比对，从而保证上次交易的真实存在，并且验证了 $M_{A\text{-add}}.\,B$ 确实是由 B 发来的。

因为用户的主观行为会影响综合需求响应资源的有效性，用户 A 可以根据上次交易信息得到该用户之前所有综合需求响应交易中协议量和结算量之间的偏差，进而根据偏差量进行综合需求响应资源质量估算，并对自己的用能效益再次进行评估，看是否需要修正自身的综合需求响应资源购买量，转而向区域层的 EMS 购买能源供应或者其他综合需求响应资源供应节点购买综合需求响应资源。此外，如果存在多个综合需求响应资源供应节点或者单个综合需求响应供应节点综合需求响应资源不能满足需求，节点 A 的 EMS 需要根据不同节点的综合需求响应资源报价和可用量优化自己的综合需求响应资源购买组合策略。为了更清楚地说明信息交互和交易流程，下文中假设 B 节点的提供量可以满足 A 节点的需求，即 $E_1 = E_2$。

步骤四：如果 A 不接受 B 的报价，可要求 B 提供二次报价，或者终止综合需求响应交易，向其他综合需求响应资源供应节点购买或者区域层 EMS 购买能源供应，或者选择切断部分负荷承担能源供应短缺成本。在价格协议过程中，A 和 B 节点仍可用对方的公钥对信息进行加密后再向对方节点地址发送信息。

如果 A 接受了 B 的报价，A 将向 B 发送合约的脚本信息。在综合需求响应资源交易中，交易完成后，用户 A 和用户 B 的 EMS 整体出力/用能特性将会发生改变，需要上报第二层级的 EMS 调整用户 A 和 B 的 EMS 的优化边界，方便系统整体优化运行策略；同时，也为了保证交易时段内的综合需求响应资源不被"二次支付"，脚本信息中必须包含区域能源互联网运营商的签名。区域层 EMS 应保证在一个交易结算周期内一个用户只能交易一次综合需求响应资源，即用户上报给第二层级 EMS 的出力/用能特性，在一个交易结算周期只有一次修改机会，从而保证交易的有效性。因此，协议交易的合约脚本信息结构应该为

$$\text{Script}_1 = [\text{Sign}.\,A \parallel \text{Sign}.\,B \parallel \text{Sign}.\,DSO \parallel (E_2, [t_0, t_1], P_0)] \tag{3-5}$$

区域层 EMS 收到 Script_1 将修改用户 A 和 B 的 EMS 之前上报的出力/用能曲线，到了 t_0 时段由该脚本触发 B 的综合需求响应资源，区域层的 EMS 会读取 B 的实际出力/用能曲线进行记录，到交易结束 t_1 时段需要 A、B 双方再次进行合约脚本确认

$$\text{Script}_2 = [\text{Sign}.\,A \parallel \text{Sign}.\,B \parallel \text{Sign}.\,DSO \parallel (E_3)] \tag{3-6}$$

式中：E_3 为实际综合需求响应交易量。一旦 Script_2 经过三方签名，那么 A 就需要按照之前的协议价格向 B 支付费用，双方交易完成，写入式（3-1）的交易信息，并向全网广播。经过所有节点验证，写入当前区块。

3.5 基于博弈论的综合能源系统多能源主体交易理论

综合能源系统多能源主体交易理论是根据综合能源系统内部各能源主体的合作功能性不同，合理调度各供能主体的出力，并实现内部收益的合理分配的过程。综合能源供需市场交易模型的构建思路为实现供需集成交易，以实际需求为导向，根据能源品种特性的不同，区分不同的交易市场，对不同交易市场的交易模型进行构建。而综合能源服务商产业内交易模型的构建思路是多主体博弈交易，将集成交易的收入根据综合能源系统各参与主体的贡献进行再分配。

3.5.1 综合能源系统多能源主体博弈理论

1. 非合作主从博弈理论

非合作主从博弈模型，又名斯塔克伯格模型，由德国经济学家斯塔克伯格于《市场形势与均衡》一书中首次提出，后来的许多研究者均在此基础上针对非合作主从博弈模型做了相关研究。斯塔克伯格模型是一种动态的非合作博弈模型，博弈中寡头参与者的市场地位不平等，即参与者的行动有先后顺序，而且这种顺序是由外生给定的。先动者（如电网公司）首先选择自己的行动，而后动者（如综合能源服务商）在充分观察到先动者行为的基础之上再选择自己的行动。它强调各参与主体的个体理性，各参与主体之间不存在有约束力的协议，属于个体的最优化决策。

（1）非合作博弈的要素。非合作博弈的基本要素一般包括博弈参与者、各参与者博弈策略和各参与者收益。

1）有限的参与者 $k \in \Gamma$。是指在一个博弈中进行独立决策和行为的个人或者团体。在综合能源系统中，博弈参与者可以是电网公司，也可以是光伏、储能电池、热电联产等分布式能源供应商。判断综合能源系统博弈参与者的标准是该主体在该能源供应体系中是否存在利害关系，能够通过改变运行策略提升自身收益。

2）每个参与者的可选策略 $s_k \in S_k$。是指参与者 k 可以从所有博弈行动方案空间 S_k 中选取一个策略参与博弈，每个博弈参与者的决策过程就是在当前的方案空间中寻找最优行动方案的过程。在综合能源系统中，各主体的方案空间由其不同的供能方案组成。

3）收益函数 $U: S \rightarrow R$。一个特定的策略集下，博弈参与者 k 所获得的期望收益为 $U_k(s_k, s_{-k})$。综合能源系统中每个供能主体的收益不仅取决于自身运行策略 s_k 的制定，同时还与博弈中其他竞争主体的收益 s_{-k} 有关系。

（2）斯塔克伯格博弈。假定领导者的策略集为 X，跟随者集合 $k \in \Gamma$，$\Gamma = \{1,2,\cdots,n\}$，跟随者 k 的策略集为 Y_k，则 $Y = \prod_{k \in \Gamma} Y_k$。

领导者的支付函数为 $f: X \cdot Y \rightarrow R$，$\forall k \in \Gamma$；跟随者的支付函数为 $g_k: X \cdot Y \rightarrow R$。

当博弈领导者选择策略 $x \in X$ 时，跟随者们将根据该策略展开竞争。假设存在平衡点 $\bar{y} = (\bar{y}_1,\cdots,\bar{y}_n) \in Y$，对于 $\forall k \in \Gamma$，应满足 $g_i(x,\bar{y}_i,\bar{y}_{-i}) = \max_{u_i \in Y_i} g_i(x,y_i,\bar{y}_{-i})$，其中 $-i = I/\{i\}$。

所有跟随者平衡点的集合均是以博弈领导者策略 x 为基础的，并记作 $N(x)$。博弈领导者策略的不同导致跟随者的平衡点不一定是唯一的。因此，由 $x \rightarrow N(x)$ 即可定义一个机制映射 $N: X \rightarrow P_0(Y)$。

作为博弈领导者，其目标是实现自身支付效益的最大化，因此在选择自身策略 x 时不得不充分考虑跟随者的策略集。其优化目标可记作 $v(x) = \max\limits_{y \in N(x)} f(x, y)$，进一步可描述为 $\max\limits_{x \in X} v(x)$。则斯塔克伯格博弈主从博弈的均衡点为 $(x^*, y^*) \in X \cdot Y$ 需满足 $v(x^*) = \max\limits_{x \in X} v(x) y^* \in N(x^*)$，且 $\forall y \in N(x^*)$，均有 $f(x^*, y^*) \geqslant f(x^*, y)$。

2. 合作博弈理论

合作博弈是指参与者能够联合达成一个具有约束力且可强制执行的协议的博弈类型。合作博弈强调的是集体理性，强调效率、公平、公正。即在 n 个参与者的博弈中，任意两个或两个以上的局中人之间可以事先商定把他们的策略组合起来，并在博弈结束时对所获得的支付总和进行重新分配。因此，若干个局中人需要形成一个合作的联盟之后，才能进行博弈。

(1) 合作联盟及联盟的核。

1) 合作联盟。设 $N = \{1, 2, \cdots, n\}$ 是参与人的集合，$V(S)$ 是定义在 N 的所有子集上的特征函数，表示联盟 S 中参与人相互合作获得的支付，并满足以下条件

$$v(\phi) = 0 \tag{3-7}$$

$$v(N) \geqslant \sum_{k \in N} v(\{k\}) \tag{3-8}$$

则称 $\Gamma = (N, v)$ 为 n 人合作联盟博弈。

2) 联盟的核。合作联盟博弈中需要对合作产生的支付收益 $v(N)$ 进行分配。假设每个参与人的收益分配由 $x = \{x_1, x_2, \cdots, x_n\}$ 表示，其中 x_k 是参与人 k 的分配份额。

定义：对于收益 $x \in R^n$，满足

$$\sum_{i \in N} x_i = v(N) \tag{3-9}$$

$$x_i \geqslant v(\{i\}), \forall i \in N \tag{3-10}$$

那么称 x 是合作联盟博弈 $\Gamma = (N, v)$ 的一个分配。定义 $I(v)$ 为所有分配组成的集合，在该集合中，如果存在分配 $C(v)$ 不会被任何个体或联盟推翻，则称该分配为"核"。

定义：博弈 $\Gamma = (N, v)$ 的核 $C(v)$ 为如下集合

$$C(v) = \left\{ x \in I(v) \mid \sum_{i \in S} x_i \geqslant v(S), \forall S \in 2^N/\phi \right\} \tag{3-11}$$

核实合作联盟博弈的"集值解"，在合作联盟博弈中具有重要的地位，其作为合作联盟博弈的解具有合理性和稳定性。

(2) 夏普利 (Shapley) 值。夏普利值法是用于解决合作问题中的收入分配或费用分摊的一种博弈方法。在分配过程中，根据局中人对所加入联盟的边际收益增加量来分摊收入，使得多做贡献的局中人更多地获得分配收入。

夏普利值的分配思想是：局中人（综合能源合作主体）的分配收入等于该局中人对每一个主体所参加联盟的边际贡献的平均值。具体表达式为

$$\varphi_i(V) = \sum_{i \in S} \frac{(S_i - 1)!(n - S_i)!}{n!} [V(S) - V(S/\{i\})] \tag{3-12}$$

式中：$\varphi_i(V)$ 为第 i 个综合能源协同组合的分配收入；S_i 为联盟 i 中参与方的数量；n 为综合能源内总参与方数量；$V(S)$ 为综合能源合作联盟的整体运行协调收入；$V(S/\{i\})$ 为联盟 S 除去 i 后合作联盟的运行协调收入。

夏普利值满足对称性、有效性和可加性三个性质。三个性质的表达式分别见式（3-13）~

式（3-15）

$$\varphi_{[\pi(i)]}(\pi V) = \varphi_i(V) \tag{3-13}$$

式中：i 为原有的合作主体分配顺序；$\pi(i)$ 为对原有分配顺序变换后的顺序。该性质表明综合能源合作收入的分配结果与分配顺序或加入综合能源联盟的次序无关。

$$\sum_{i=1}^{n} \varphi_i(V) = V(n) \tag{3-14}$$

综合能源合作联盟收入之和等于综合能源总运行收入。分配联盟费用时，不考虑联盟外其他合作方行动的影响。

$$\varphi_i(V+U) = \varphi_i(V) + \varphi_i(U) \tag{3-15}$$

式中：U 和 V 为 2 个博弈的特征函数，$V+U$ 为同时进行 2 种博弈的特征函数。2 个博弈同时进行或分别独立进行对于局中人的分摊结果没有影响。

（3）纳什议价解。纳什议价理论是合作博弈解的一个分支，可以帮助综合能源系统中的各分布式能源运营商实现公平合理的帕累托最优利益分配。假设 n 个分布式能源运营商之间通过讨价还价的方式寻找全局最优的解决方案，其支付函数集合为 $U = \{u_1, u_2, \cdots, u_n\}$，其对应的谈判破裂点集合为 $B = \{b_1, b_2, \cdots, b_n\}$。那么各分布式能源运营商之间的准纳什议价问题可以表示为

$$\max \prod_{i=1}^{N} (u_n - b_n) \tag{3-16}$$

$$\text{s.t.} \quad u_n \geqslant b_n \tag{3-17}$$

为鼓励各分布式能源运营商之间的协调与互动，纳什议价的可行解必须保证合作供能参与者的支付效用高于其自身的谈判破裂点。上述问题可以进一步等价转换为

$$\max \sum_{n=1}^{N} \ln(u_n - b_n) \tag{3-18}$$

$$\text{s.t.} \quad u_n \geqslant b_n \tag{3-19}$$

上述问题的最优解即为纳什均衡解，可以有效地激励各分布式能源运营商之间的相互合作。具体来说，纳什均衡解需满足如下公理：

1）个体理性。各供能服务商加入合作博弈的唯一前提是可以进一步提高自身的收益，因此参与合作博弈的各供能服务商必须是理性的。

2）有效性公理。任何供能服务商都无法通过单独改变自身供能策略找到比纳什议价解更好的其他可行方案。

3）对称性公理。如果两个及以上的供能服务商具有相同的支付函数与谈判破裂点，那么他们会获得相同的效益。

4）线性不变性公理。支付函数与谈判破裂点的线性变换不会改变纳什议价解的结果。

5）不相关替代的独立性公理。剔除不会被选取的可行方案不影响纳什议价解。

3.5.2 综合能源系统多能源主体博弈模型

1. 非合作主从博弈模型

（1）分布式供能运营商。

1）效益函数。对于风机、光伏、燃机、热泵等分布式供能运营商来说，其效益函数应从经济性出发，以分布式供能运营商的利益最大为目标

$$\max U_{\mathrm{DG}} = C_{\mathrm{in}}^{\mathrm{DG}} + C_{\mathrm{sub}}^{\mathrm{DG}} - C_{\mathrm{om}}^{\mathrm{DG}} - C_{\mathrm{fu}}^{\mathrm{DG}} - C_{\mathrm{de}}^{\mathrm{DG}} \tag{3-20}$$

式中：$C_{\mathrm{in}}^{\mathrm{DG}}$ 为运营商售能收益；$C_{\mathrm{sub}}^{\mathrm{DG}}$ 为新能源发电的政府补贴，$C_{\mathrm{om}}^{\mathrm{DG}}$ 为分布式能源设备的运行维护成本；$C_{\mathrm{fu}}^{\mathrm{DG}}$ 为分布式能源设备产能时的燃料成本；$C_{\mathrm{de}}^{\mathrm{DG}}$ 为各分布式设备的折旧费用。

2）约束条件。分布式供能运营商参与综合能源系统内部调度，应满足其机组运行特性的要求

$$P_{k,t}^{\min} \leqslant P_{k,t} \leqslant P_{k,t}^{\max} \tag{3-21}$$

$$-P_{k,t}^{\mathrm{down}} \leqslant P_{k,t} - P_{k,t-1} \leqslant P_{k,t}^{\mathrm{up}} \tag{3-22}$$

式中：$P_{k,t}^{\max}$ 和 $P_{k,t}^{\min}$ 分别为机组 k 在 t 时刻的最大、最小出力；$P_{k,t}$ 为机组 k 在 t 时刻的出力；$P_{k,t-1}$ 为机组 k 在 $t-1$ 时刻的出力；$P_{k,t}^{\mathrm{down}}$ 和 $P_{k,t}^{\mathrm{up}}$ 分别为机组 k 在 t 时刻爬坡功率的最低、最高值。

（2）配电运营商。

1）效益函数。配电运营商作为电网的运营管理者，在电网安全运行的前提下，以经济运行为目标，效益函数为

$$\max U_{\mathrm{GD}} = C_{\mathrm{in}}^{\mathrm{GD}} - C_{\mathrm{loss}}^{\mathrm{GD}} - C_{\mathrm{sa}}^{\mathrm{GD}} - C_{\mathrm{dr}}^{\mathrm{GD}} \tag{3-23}$$

式中：$C_{\mathrm{in}}^{\mathrm{GD}}$ 为电网的售电收入；$C_{\mathrm{loss}}^{\mathrm{GD}}$ 为电网的网损成本；$C_{\mathrm{sa}}^{\mathrm{GD}}$ 为电网向分布式供能运营商购电的成本；$C_{\mathrm{dr}}^{\mathrm{GD}}$ 为电网实施需求响应后对用户的补偿成本。

2）约束条件。配电网运行应满足网络传输中的功率平衡、节点电压约束等条件

$$P_{\mathrm{GD},t} + P_{\mathrm{DG},t} - P_{\mathrm{loss},t} = P_{\mathrm{load},t} \tag{3-24}$$

$$P_{\min\_n}^{\mathrm{Te}}(t) \leqslant P_n^{\mathrm{Te}}(t) \leqslant P_{\max\_n}^{\mathrm{Te}}(t) \tag{3-25}$$

$$V_{\min\_n}^{\mathrm{Te}}(t) \leqslant V_n^{\mathrm{Te}}(t) \leqslant V_{\max\_n}^{\mathrm{Te}}(t)$$

式中：$P_{\mathrm{GD},t}$ 为 t 时刻电网的功率；$P_{\mathrm{DG},t}$ 为 t 时刻分布式电源的功率；$P_{\mathrm{loss},t}$ 为 t 时刻网络传输损耗的功率；$P_{\mathrm{load},t}$ 为 t 时刻负荷的功率；$P_{\max\_n}^{\mathrm{Te}}(t)$、$P_{\min\_n}^{\mathrm{Te}}(t)$ 分别为电网节点 n 允许传输的最大、最小功率；$V_n^{\mathrm{Te}}(t)$ 为 t 时段电网节点 n 的电压值；$V_{\max\_n}^{\mathrm{Te}}(t)$、$V_{\min\_n}^{\mathrm{Te}}(t)$ 分别为电网节点 n 传输电能时所允许的最大、最小电压。

（3）天然气运营商。

1）效益函数。天然气运营商作为综合能源系统除电能以外的能源供应商，在满足用户需求的前提下应尽可能提升自身效益

$$\max U_{\mathrm{NG}} = C_{\mathrm{in}}^{\mathrm{NG}} - C_{\mathrm{b}}^{\mathrm{NG}} \tag{3-26}$$

式中：$C_{\mathrm{in}}^{\mathrm{NG}}$ 为天然气运营商的售气收入；$C_{\mathrm{b}}^{\mathrm{NG}}$ 为天然气运营商的购气及送气运行成本。

2）约束条件

$$F_{\min\_n}^{\mathrm{Tg}}(t) \leqslant F_n^{\mathrm{Tg}}(t) \leqslant F_{\max\_n}^{\mathrm{Tg}}(t) \tag{3-27}$$

$$g_{mn,t} - \sum_{m=1}^{n} L_{m,t} = 0 \tag{3-28}$$

式中：$F_n^{\mathrm{Tg}}(t)$ 为 t 时段天然气网络在节点 n 的流量；$F_{\max\_n}^{\mathrm{Tg}}(t)$、$F_{\min\_n}^{\mathrm{Tg}}(t)$ 分别为天然气网传输天然气时节点 n 允许的最大、最小流量；$g_{mn,t}$ 为 t 时段天然气管道 mn 的总供气量；$\sum_{m=1}^{n} L_{m,t}$ 为 t 时段节点 m 的天然气需求量。

2. 合作博弈

（1）效益函数。合作博弈的主要目的是实现合作联盟的利益最大化，因此合作博弈的效益函数是整个联盟的经济最优

$$\max U_{\text{CO}} = C_{\text{in}} - C_{\text{sa}} \tag{3-29}$$

式中：U_{CO} 为合作联盟的总收益；C_{in} 为联盟的总售能收入；C_{sa} 为联盟的总购能成本。

（2）约束条件。除了应满足设备运行、管网传输等约束条件外，在市场条件下，综合能源联盟的形成还应满足各个分布式资源运营方的利益诉求。根据合作博弈的思想，可以把主体利益诉求分为个体理性和集体理性两部分。

对于一个收益可分配的合作博弈，其分配向量 $\{V_1, V_2, \cdots, V_n\}$ 符合个体理性，当且仅当联盟 S 每个参与人获得的分配效用都不少于各自独立运营时的效用，合作联盟才会成立，即

$$v(i) \geqslant u(i), \forall i \in N \tag{3-30}$$

式中：$v(i)$ 为主体 i 在合作联盟 S 中的分配；$u(i)$ 为主体 i 独立运营的收入。

在满足个体理性的基础上，其分配向量 $\{V_1, V_2, \cdots, V_n\}$ 还要符合集体理性条件，当且仅当联盟 S 所有参与人获得的分配效用和与总联盟效用相等，即

$$\sum_{i=1}^{n} v(i) = U_{\text{CO}} \tag{3-31}$$

式中：U_{CO} 为联盟 S 的总收入。

3.5.3　综合能源服务多主体交易仿真案例

1. 基础数据

本部分参考中国北方的气象条件和能源供需历史数据，并结合部分模拟数据，进行运行优化与合作交易模型的模拟仿真。该综合能源系统包括光伏、热泵、电锅炉、储能电池和储热罐。各设备装机容量见表 3-7。日前预测得到的电负荷和热负荷曲线如图 3-13 所示。由于加热系统的惯性，基线热负荷可以在不改变总供热量的情况下微调每单位时间的热负荷。

表 3-7　　　　　　　　　　　　各分布式设备装机容量

设备类型	设备名称	装机容量（kW）	运行成本（元/kWh）
能源供应设备	光伏	200	0.65
	热泵	150	0.4
	蓄热式电锅炉	200	0.6
储能设备	储能电池	225	0.25
	储热	180	0.20

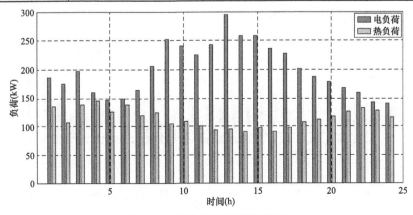

图 3-13　日前电热负荷预测结果

2. 合作交易仿真运行结果

根据前面建立的合作利益解决策略,运营商可以根据不同参与者的运营场景分析可接受的收益。本部分以经济效益为优化目标,设计了不同的调度方案。通过对不同参与者系统运行的仿真,为多供能主体利益博弈约束提供了研究基础。

经过方案筛选,得到满足能源供需平衡和运行约束的6个方案。不同场景下的资源构成见表3-8。

表 3-8 可行场景资源组合表

场景	光伏	蓄热式电锅炉	配电网	地源热泵
场景 1	○	○	○	○
场景 2	—	○	○	—
场景 3	—	—	○	○
场景 4	○	—	○	○
场景 5	○	○	○	—
场景 6	—	○	○	○

注 ○表示可行,—表示不可行。

不同场景各供能参与者的详细收益情况如图3-14所示。从综合效益分析的结果来看,电锅炉运营商与地源热泵运营商在供热比例上存在竞争;配电网运营商是主要的能源供应商,具有收益再分配的主导地位。

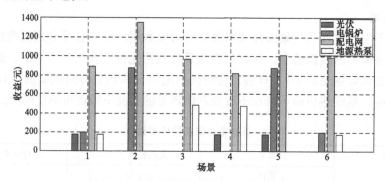

图 3-14 多场景运营方各自综合收益情况

图3-15和图3-16为各主体参与合作供能前后的出力对比。可以看到,引入了合作交易后,电网为了保证自身利益达到博弈可接受水平,调整了自身的储能策略。使得在能源供需平衡的前提下,自身运行的经济性提高。相应地,热泵的热出力也进行了一定的改变,使得系统热负荷在可接受范围内进行了变化。

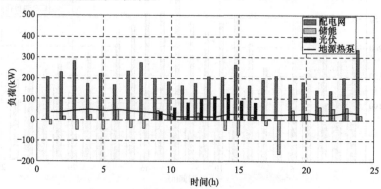

图 3-15 合作情况下的多主体出力状态

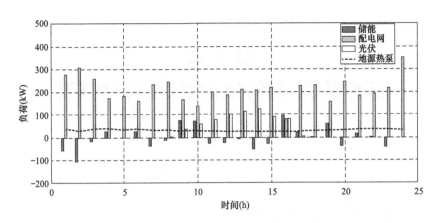

图 3-16　不合作情况下的多主体出力状态

3. 合作收益分配结果

根据运行结果，应用基于动态改进夏普利值的边际贡献计算法，对合作联盟各方的利益分配值进行计算，见表3-9。

表 3-9　　　　　　　综合能源合作交易实际利益分配结果

运营方	不合作利益分配比例	不合作利益分配值（元）	改进夏普利值分配比例	改进夏普利实际分配值（元）
配电网运营方	64.276%	852.21	67.735%	898.08
分布式电源运营方	10.745%	142.46	3.668%	48.63
地源热泵运营方	24.979%	331.19	28.596%	379.15

可以看到，配电网运营方的利益为 898.08 元，高于直接通过利润计算得到的 852.21 元。这是因为按照边际贡献理论，配电网运营方具有合作主导性，合作联盟去除掉配电网运营方就无法成立，因此其主导作用下的利益分配值大于其实际的利润；同样，地源热泵作为唯一供热方也具有一定的合作主导性，因而光伏的利润被另外两个合作方分割。在这场博弈中，热泵方因为优秀的能源效率、节能减排效益得到了高出自身运行利润的利益分配值；光伏和配电网都有一定程度的让利。

第4章
综合能源系统的综合效益评估体系

4.1 综合能源系统综合效益分析

综合能源系统是集成传统分供系统，即电力系统、天然气系统、供热系统和广义储能系统的多能非线性耦合、多时间与空间尺度的源-网-荷-储一体化系统，通过多能互补，致力于实现能源的梯级高效利用，以及提高可再生能源的利用水平。综合能源系统在经济、社会、环境等多方面具有的良好效益，使得综合能源系统的相关研究越来越受到重视，本节对综合能源系统的经济效益、社会效益、环境效益等方面效益进行。

4.1.1 经济效益

综合能源系统经济效益包括促进经济增长、促进产业升级、电费收益、供暖收益、信息服务收益和削峰填谷收益等。

1. 促进经济增长

从促进经济增长来看，建设综合能源系统对当地经济的增长具有显著的作用。综合能源系统的运行不仅可以创造利税、增加财政收入、拉动经济增长、还有利于促进就业、改进能源结构、推动地区发展。综合能源系统在促进可再生能源消纳的同时，也有利于我国的环境建设与资源开发。

2. 促进产业升级

从促进产业升级来看，综合能源系统的构建可以促进清洁能源、智能电网以及特高压开发和建设，进而带动相关技术产业的发展，如电能产业、电子设备制造业等。此外，受端地区电力供应成本的变化会造成经济系统内产品价格的相对变动，最终导致资源的重新分配。

3. 电费收益

从综合能源系统的电费收益来看，系统运营商在综合能源系统内开展分布式电站建设，并为用户提供电能供应，应当向用户收取电费。考虑到分布式电站的出资方式不同，获利方式主要包括三类：一是系统运营商全额出资时，运营商将项目初期发生的全部投资额在若干年内摊销至每度电，再加上自身的合理收益，向用户收取电费；二是用户自己全额投资分布式发电时，系统运营商可根据在项目投资建设阶段自身在技术、原料方面的投资，向用户一次性或者分批次收取费用；三是分比例投资时，与第一种情况相同，运营商根据自身的出资情况进行摊销，向用户收取电费。

此外，系统运营商还需要在分布式能源与大能源网之间、分布式能源与用户之间构建微网，这部分费用应当包含在每度电的电费收益中。

分布式发电遵循"自发自用、余量上网"的模式，当分布式发电的电能过剩时，系统运营商可从用户手中购买这部分电能并卖给电网，从中赚取部分差价。

综上所述，系统运营商的电费收益包括分布式发电电费、微网费用和分布式余量电能差价三部分。

4. 供暖收益

从综合能源系统的供暖收益来看，综合能源系统运营商应以用户为单位建设分布式热泵供暖，积极探寻其他分布式供暖模式。

如果该地区的综合能源系统是电采暖方式，则电费收益就涵盖了供暖收益；如果该地区仍然从公共供暖网络中获取热能，则这部分供暖收益属于供暖公司。

5. 信息服务收益

从综合能源系统的信息服务收益来看，此部分费用遵循用户自定制原则，按照用户定制能源信息服务的情况进行收费。需注意，这部分信息费用应当小于用户节省的电费支出，否则用户定制该服务将无法获得收益，也就失去了使用该服务的动力。

6. 削峰填谷收益

从综合能源系统的削峰填谷收益来看，削峰填谷收益与综合能源系统信息服务收益紧密相连，由于系统运营商在用户端和能源供应端有大量监测设备，因此能够细致刻画和分析用户的用能行为特征，并提供优化用能方案，因此能让用户在某个特定的时间削减负荷或者转移部分负荷，以降低用户的用电成本。

4.1.2　社会效益

综合能源系统社会效益包括减少系统备用成本、延缓配电网改造、带动清洁能源产业发展与就业增长、改善社会福利水平、实现不同供用能系统间的有机协调、提高社会供能系统基础设施的利用率、各类能源的优化利用等。

1. 减少系统备用成本

从减少系统备用成本的角度来看，综合能源系统将大力带动分布式能源发展，但是分布式可再生能源发电出力具有随机性、波动性强的特点，系统需要在用电高峰时为用户提供备用容量，而此时可再生能源出力不足甚至为 0。具有多级互补及能量储存功能的综合能源系统可以大大提高发电自用比例，从而降低配电网和常规机组的备用容量成本，为社会带来一定的效益。

2. 延缓配电网改造

从延缓配电网改造的角度来看，分布式能源在配电网中渗透率逐渐升高，双向潮流逐渐增加，储能通过减少分布式能源并网带来的谐波污染、保护误动等危害，减轻配电网改造难度的同时，延长了配电网寿命。因此综合能源系统通过减少设备改造，可延缓配电网改造。

3. 带动清洁能源产业发展与就业增长

从带动清洁能源产业发展与就业增长来看，综合能源系统是清洁能源大规模开发、配置、利用的基础平台，既能保证经济在持续发展中实现低碳化，又能推动经济持续增长。清洁能源作为资金和技术密集型战略新兴产业，其产业链长，涉及电源、电网、装备、科研、信息等领域，具有显著的技术扩散效应、就业效应和经济乘数效应。在当前世界经济复苏缓慢、增长动力不足的情况下，发展清洁能源成为各国拉动投资与就业、创造新的经济增长点的共同抉择，如图 4-1 所示，欧洲、中东、非洲、美国、亚太地区等对清洁能源的投资金额逐年增加。

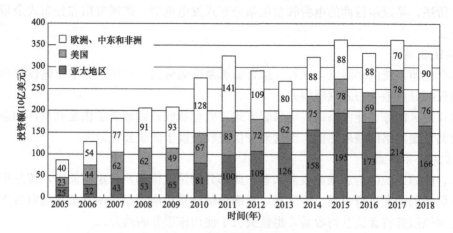

图 4-1　清洁能源年投资额

资料来源：彭博新能源财经数据。

注：总值包括未披露交易，包括企业和政府研发、数字能源和储能项目支出。

根据彭博新能源财经预测，到 2050 年，全球电力投资规模将累计达到 13.3 万亿美元。届时，清洁能源将成为一次能源消费的主导能源，占总量的 80% 左右，能源产业将以作为能源信息网络的全球能源互联网为依托，完成自身的转型、升级、再造，激发创新附加值，再现新生机。清洁能源产业的就业效应主要是指在清洁能源发展过程中，基于投资或规模的变动所引起的就业数量的变动，包括直接就业效应、间接就业效应和引致就业效应。直接就业是指与清洁能源产业直接相关的就业，如原料供应、技术研发、设备设计与制造、项目安装与运行维护等；间接就业是指与以上产业相关的上下游产业的就业；引致就业是指直接就业者与间接就业者用其在清洁能源产业中获得的财富进行消费，从而引发其他产业需求变动所导致的就业。根据 REN21《2018 可再生能源全球现状报告》，目前全球清洁能源产业的就业人数约为 1100 万人，其中尤以光伏发电行业为最，就业人数达到 360 万人。随着各国清洁能源产业扶持政策的逐渐颁布或扶持力度的加大，其产业规模与影响力将不断扩大，技术研发进步也将不断推进，清洁能源产业的发展前景与就业增长潜力可观。

4. 改善社会福利水平

从改善社会福利水平来看，综合能源系统的发展将降低能源价格，能源价格的降低不仅可以直接减少相关产业部门的生产成本，还可以通过价格的传导作用降低社会整体价格水平和居民消费指数。此外，资本、劳动力等生产要素的回报率也会随之提升，居民收入及政府可支配收入上升，间接影响全社会的基础设施投入，从而提高全社会福利水平。

5. 实现不同供用能系统间的有机协调

从实现不同供用能系统间的有机协调来看，综合能源系统的使用可提高社会能源供用的安全性、灵活性、可靠性。传统的社会供用能系统，如供电、供气、供热/冷等系统，大多单独规划、单独设计、独立运行，彼此间缺乏协调，因此系统整体安全性能低、自愈能力差。例如，2008 年初的南方雪灾，由于电力系统故障，导致其他供用能系统失稳，通信、金融、交通等多个重要部门瘫痪，造成了严重的经济损失和社会安全问题。已有研究表明，单纯通过加大某一供能系统的投入来提高其安全性与自愈能力，会面临难以承受的高昂成本，同时会造成社会资源的极大浪费。因此，破解上述问题可通过构建社会综合能源系统，利用其核心技术实现各供用能系统间的有机协调与配合。

6. 提高社会供能系统基础设施的利用率

从提高社会供能系统基础设施的利用率来看，综合能源系统的构建可以减轻目前我国设备利用率低下的问题。由于各个供能系统的负荷需求均具有显著的峰谷交错现象，而目前各系统只能依据各自的峰值负荷进行独自规划与设计，因此设备利用率低下的问题难以避免。根据相关研究文献，美国的供电设备平均载荷率只有 43%，载荷率在 95% 以上的时段不足 5%；而我国的供电设备利用率更低，统计显示平均利用率不足 30%。在供气系统、供冷/热系统中同样存在该问题，这使得供能系统的运行维护费用增加。综合能源系统可通过有效协调各子系统来提高设备的利用率，减少资金浪费，改善或消除现有问题。如在电力低谷时段储存过剩电能产生的冷能或热能，在电力高峰时段使用，通过供电系统与供冷/热系统的有机配合，达到供电系统与供冷/热系统的设备利用率同时提升的目的。

7. 各类能源的优化利用

从各类能源的优化利用来看，综合能源系统的使用可提升综合能源利用率，有效应对全球气候变化问题，实现人类社会能源可持续发展。目前，全球经济的发展对一次化石类能源仍具有严重的依赖性。在现有的开发利用模式下，有限的化石类能源将难以支持人类社会的可持续发展，提高能源利用率和规模化开发可再生能源可以从根本上解决这一问题。综合能源系统可以通过各供能系统之间和生产、输配、存储等各环节间的时空耦合机制和互补替代性，建立多种能源的协同利用机制。一方面可以通过不同品位能源的梯级利用，提高能源的综合利用率；另一方面可以弥补风能、太阳能等可再生能源能流密度低、分散性强和间歇性明显的问题，提高可再生能源规模化开发利用水平。

4.1.3 环境效益

综合能源系统环境效益包括减少大气污染物排放、减少能源损耗、节约水资源、减少原料运输排气等。

1. 减少大气污染物排放

从发电过程来看，综合能源系统相比集中式燃煤火电厂大大减少了大气污染物。集中式燃煤火电厂占据我国电力生产的大部分市场，但由于燃煤的缘故，在提供巨大发电量的同时，向环境中排放了大量的 CO_2、SO_2、NO_x、颗粒物等。虽然我国已经有较大规模的高标准、低能耗新型火电机组，并执行了全球最严厉的大气污染物排放标准，且不少机组已经实施了对标燃气机组排放标准的超低排放，但火电行业大气污染物的排放总量仍很大。对于综合能源系统，由于天然气几乎不含硫、粉尘和其他有害物质，故以燃气轮机为动力装置的综合能源系统能减少 SO_2 和粉尘排放量，且燃烧时产生的 CO_2 少于燃煤，NO_x 排放量也明显减少，因此以天然气为主要一次能源的综合能源系统在大气污染物减排量方面，相比集中式能源系统，特别是火电机组有明显的减排效益。而综合能源系统中的光伏、小型风电机组由于利用的一次能源均为可再生能源，在运营阶段更是没有直接的大气污染物排放。故综合能源系统在生产电、热等能源过程中，相比集中式火电机组，污染物减排效益明显。

2. 减少能源损耗

从减少能源损耗来看，综合能源系统布置在能源负荷中心的园区内，输电距离近，输配电线损极低，可保证能源的高效使用。在集中式电站发电和通过大电网输配电到终端用户的过程中，电力生产和最终消费是分离的，其中产生电网输配电的损耗通常为5％～7％，通过面向终端的低压配电网络的损耗则更高，约8％～12％，部分农村地区低压输配线路损耗甚至更高。综合能源系统设置在用能负荷中心的产业园区内，电力生产和最终消费存在于同一中心，输配电便捷、迅速且距离近，输配电损耗几乎为零。以小型的LNG（液化天然气）冷热电联供系统为例，其可以实现对LNG气化-燃烧全过程的热量梯级利用：通过LNG气化可以获得气态天然气和冷能；气态天然气燃烧的高品位热能通过推动燃气轮机运转实现发电；再将燃烧尾气所含的低品位热量用于制冷、制热设备工作；最后，相关制冷、制热设备所产生的冷、热能直接就近供给终端用户。在整个过程中，所生产的能源不需要远距离输送，因此系统的能源综合利用效率可达80％以上。类似的天然气综合能源系统，总体上能源利用效率高，节约了无谓的能源损失，具有节能减排作用，增强了能源供应的安全性。

此外，在提高能源利用效率、节约能源方面，天然气冷热电联供系统供能技术具有明显的优势，能源利用效率可达60％～90％，与常规燃煤火电厂相比将节省更多的一次能源。

3. 节约水资源

从节约水资源方面来看，综合能源系统相比常规燃煤火电厂消耗水资源更少，在节约水资源方面具有显著效益。在综合能源系统中，用水过程主要包括项目开采过程中的钻井等环节，废水主要包括生活污水、膜化学清洗废水、反渗透浓水、原水澄清池冲洗水、冷却塔排水等。其中，生活污水、膜化学清洗废水和反渗透浓水经化粪池处理、中和处理等处理方式一并通过城市污水管网最终排入综合污水处理厂，原水澄清池冲洗水、冷却塔排水则直接进入城市雨水管网。表4-1列出了火力发电与冷热电三联供综合能源系统的平均用水量对比。

表4-1　　　　　　　　火力发电与冷热电三联供系统平均用水量对比　　　　　　　　L/MWh

用途	火力发电系统	冷热电三联供系统
萃取	11～53	过小
处理	0～109	57.5
交通	过小	28.8
燃烧	1970～3940	490～1900
抽回	9.7	20.4

从表4-1可以看出，冷热电三联供系统运行消耗的水资源比火力发电系统少，尤其是燃烧方面，火力发电系统用水量几乎为冷热电三联供系统的2倍，且冷热电三联供系统抽回水资源更多，水资源回收利用效率更高。因此，综合能源系统在节约水资源利用上具有显著效益。

4. 减少原料运输排气

从减少原料运输排气来看，综合能源系统中需要运输的能源主要为天然气，火力发电机组中煤采用公路运输，而天然气则采用管道运输。公路运输需要消耗汽油、柴油等燃料，同时，货车会产生 SO_2、NO_x、CO、悬浮颗粒物等废气。而天然气的管道运输不需要消耗燃料，且运输过程中几乎不产生 SO_2、NO_x、CO、悬浮颗粒物等废气。因此，综合能源系统还在能源运输过程中体现了其环境效益。

4.2　综合能源系统综合效益评估指标

随着我国各项能源互联网示范工程和多能互补示范项目的落地，开展综合能源系统效益评估具备一定的实施条件。因此，有必要尽快建立起科学、合理的综合能源系统综合效益评估指标体系并提出适用的评估方法，以保障综合能源系统投资效益目标的顺利实现。本节依据综合能源系统的多种效益目标，从不同维度提出综合能源系统综合效益评估指标，从而构建综合效益评估指标体系。

4.2.1　综合能源系统效益评价指标类型介绍

1. 确定性指标

确定性指标是指准确量化的指标，如投资回收期、贷款偿还期等。

2. 不确定性指标

不确定性指标是指测量指标时得到的指标值为不确定性数据的指标。不确定性数据包括区间数、不确定性语言变量、模糊集、三角模糊数、粗糙集等。本节针对区间数和不确定性语言变量进行详细描述，其他方法不再展开赘述。

（1）区间数。设 R 为实数域，则称闭区间 $[a^-, a^+]$ 为区间数，记作 A，其中 a^-、$a^+ \in R$，$a^- < a^+$，全体区间数的集合记为 I。若在某个多属性群决策问题中，有 m 个可行方案，分别记作 A_1、A_2、$\cdots$、A_m，n 项指标属性分别记作 G_1、G_2、$\cdots$、G_n，则此基于区间数的多属性决策问题判断矩阵为

$$
\begin{array}{c}
\quad\quad G_1 \quad\quad\quad\quad G_2 \quad\quad\quad \cdots \quad\quad G_3 \\
\begin{array}{c} A_1 \\ A_2 \\ \vdots \\ A_m \end{array}
\begin{bmatrix}
[a_{11}^-, a_{11}^+] & [a_{12}^-, a_{12}^+] & \cdots & [a_{1n}^-, a_{1n}^+] \\
[a_{21}^-, a_{21}^+] & [a_{22}^-, a_{22}^+] & \cdots & [a_{2n}^-, a_{2n}^+] \\
\vdots & \vdots & \cdots & \vdots \\
[a_{m1}^-, a_{m1}^+] & [a_{m2}^-, a_{m2}^+] & \cdots & [a_{mn}^-, a_{mn}^+]
\end{bmatrix}
\end{array}
\tag{4-1}
$$

（2）不确定性语言变量。在数据统计中，有的数据量纲不易得到，此时用语言评估标度，设语言评估标度 $S = \{s_i | i = 1, 2, \cdots, t\}$，则 S 中的术语个数一般为奇数，且满足下列条件：

1）若 $i > j$，则 $s_i > s_j$；

2）存在逆算子 $\mathrm{rec}(s_i) = s_j$，使得 $i + j = t + 1$；

3）若 $s_i \geqslant s_j$，则 $\max(s_i, s_j) = s_i$；

4）若 $s_i \leqslant s_j$，则 $\min(s_i, s_j) = s_i$。

如 S 可以定义如下：

$S = \{s_1, s_2, s_3, s_4, s_5, s_6, s_7\} = \{极差，很差，差，一般，好，很好，极好\}$。

假设某个基于区间数的多属性决策问题中，有 5 个可行方案，分别为 A_1、A_2、$\cdots$、A_5，4 项指标属性分别为 G_1、G_2、G_3、G_4，则基于不确定性语言变量的多属性决策问题的判断矩阵如

式（4-2）所示，其中属性值均为模拟得出

$$
\begin{array}{c}
\quad\quad G_1 \quad\quad\quad G_2 \quad\quad\quad G_3 \quad\quad\quad G_4 \\
\begin{array}{c} A_1 \\ A_2 \\ A_3 \\ A_4 \\ A_5 \end{array}
\begin{bmatrix}
[s_2,s_3] & [s_3,s_4] & [s_2,s_3] & [s_1,s_2] \\
[s_1,s_2] & [s_4,s_5] & [s_3,s_4] & [s_2,s_3] \\
[s_2,s_4] & [s_1,s_3] & [s_4,s_5] & [s_3,s_7] \\
[s_4,s_5] & [s_1,s_2] & [s_2,s_3] & [s_2,s_3] \\
[s_3,s_4] & [s_4,s_6] & [s_1,s_4] & [s_3,s_4]
\end{bmatrix}
\end{array}
\tag{4-2}
$$

4.2.2　综合能源系统效益评价指标的规范化方法

在进行综合能源系统效益评价时，存在一个较为关键的问题，即各个指标之间量度不完全统一。不同指标，量纲和数量级不同，这种差异将会影响最终的评价结果。因此，为消除量度不同带来的偏差，首先要对数据进行规范化（标准化）处理，将不同特征变量的指标值固定在 [0，1] 区间内，从而提高评价过程的科学性与合理性。

常用的数据规范化方法主要包括指标一致化方法和指标无量纲方法两类。其中指标一致化方法包括倒数一致化法、减法一致化法；指标无量纲方法包括 Z-Score 法、极差化法、极大化法、极小化法、均值化法和秩次化法，各有其优缺点。属性值的规范化主要解决两方面问题，一是属性之间不可公度，二是不同属性之间数值上相差过大。在达到这两点要求的条件下，应该选择尽可能简单的计算方法对属性值进行规范化。

1. 指标一致化方法

本部分以正指标（即指标值越大越好）为例进行介绍，指标的一致化处理只针对逆指标和适度指标，处理方法如下：

（1）倒数一致化。

逆指标为

$$ y = \frac{1}{x} \tag{4-3} $$

适度指标为

$$ y = \frac{1}{|a-x|} \tag{4-4} $$

式中：x 为指标原始值；y 为指标规范化后的值；a 为指标 x 的适度值。

（2）减法一致化。

逆指标为

$$ y = M - x \tag{4-5} $$

适度指标为

$$ y = K - |a-x| \tag{4-6} $$

式中：M 为指标 x 的一个允许的上界；K 为正常数；a 为指标 x 的适度值。

2. 指标无量纲方法

指标无量纲方法分为线性无量纲化和非线性无量纲化。由于非线性函数种类繁多，且非线性无量纲化方法非常复杂，要根据不同的对象采用不同的处理方法，因此不对非线性函数作讨论，只简要介绍部分常见的线性无量纲化方法，具体计算处理方法如下：

（1）Z-Score 法。Z-Score 法的基础是对原始数据的均值和标准差进行数据的标准化，当指标的最值未知或存在超出取值范围的离群数据时，较为合适。标准化后的变量值围绕 0 上下波动，大于 0 说明高于平均水平，小于 0 说明低于平均水平。计算公式为

$$y = \frac{x - \bar{x}}{s} \tag{4-7}$$

式中：$\bar{x}$ 为指标 x 的算数平均值；s 为指标 x 的标准差。

（2）极差化法。极差化法是对原始数据进行线性变换，计算公式为

$$y = \frac{x - x_{\min}}{x_{\max} - x_{\min}} \tag{4-8}$$

式中：$x_{\min}$ 为指标 x 的最小值；$x_{\max}$ 为指标 x 的最大值。

（3）极大化法。极大化法是将指标与指标的最大值进行求商运算，计算公式为

$$y = \frac{x}{x_{\max}} \tag{4-9}$$

（4）极小化法。极小化法是将指标与指标的最小值进行求商运算，计算公式为

$$y = \frac{x}{x_{\min}} \tag{4-10}$$

（5）均值化法。均值化法是将指标与指标的算数平均值进行求商运算，计算公式为

$$y = \frac{x}{\bar{x}} \tag{4-11}$$

（6）秩次化法。秩次化法将一致化处理后的指标按从小到大的顺序标明相应的秩次，同时将各指标值转化为 $1 \sim n$ 间的数据。

4.2.3　综合能源系统效益评价指标选取原则

针对综合能源系统效益评价指标体系设计的实际需求和 SMART（specific measurable attainable relevant time bound）原理的基本概念，在选取相应指标时遵循以下基本原则：

（1）目的性原则。评价目标是一切评价工作的出发点。在指标体系建立之前，应明确评价的目的，指标的结构和选取应围绕所需评价的目标展开。评价过程中也应与目标进行比对，避免偏离目标。

（2）规范性原则。规范性是基本指标设计中最重要的原则。首先，单项指标必须具有严格的物理意义和明确的指标定义；其次，指标命名应具有良好的一致性和可读性，使相关操作人员在实践过程中可以理解、掌握和运用；再者，所有的基本指标必须有对应的指标体系类别，便于后续的指标分类。

（3）全面性原则。指标体系要求能够全面反映评价目标和评价对象，同时各指标之间既相互独立又存在一定的逻辑关系，所有指标构成一个有机的整体。

（4）系统性原则。评价体系的二级指标选取应考虑系统性，同时要综合考虑在配电网运行工作中对不同时间维度、不同数据主题、不同管理目标的实际需求。第一步，应确定指标体系的总体框架，明确指标体系的各个维度；第二步，应在指标体系中逐步选取合适的基础指标，进而构建出全面、合理、明确的配电网协调调度综合评价指标体系。

（5）简明性原则。指标的选取应具备一定的典型代表性，选取的指标应尽可能少。简明

的指标能让实际操作人员理清头绪、抓住关键。构建指标体系时，除考虑指标体系的定位外，也要注意指标之间的重复度，避免相近、相同的指标选取造成资源的浪费。

（6）定性定量相结合原则。该原则应同时考虑定性因素和定量因素，通过系统的识别方法分析综合能源系统效益影响因素，建立定性定量相结合的评价指标体系。

（7）可比性原则。指标体系应符合空间上和时间上的可比原则，采用可比性较强的相对量指标。同时，还应明确各指标的含义、统计方法、统计范围，确保各项指标数据的可比性。

4.2.4 综合能源系统效益评价指标

结合前面针对综合能源系统的效益分析，本部分从经济效益、安全效益、环境效益、社会效益等方面进行综合能源系统效益评价指标的选取。

1. 经济效益指标

（1）系统设备投资费用。综合能源系统需要采用较多设备，不同的设备可组成不同的系统结构，系统设备投资费用主要反映了系统各个设备的总投资费用，表达式为

$$C_{tot} = \sum_{tech} I_{inv} C_{ap} \tag{4-12}$$

式中：C_{tot}为系统各个设备的总投资费用；I_{inv}为系统中各个设备的投资费用；C_{ap}为各设备优化计算的设计容量。

（2）系统运行费用。系统运行费用主要包括系统的年运营费用和年购买燃料费用，具体表达式为

$$C_{re} = C_{O\&M} + C_{fuel} \tag{4-13}$$

式中：C_{re}为系统运行费用；$C_{O\&M}$为系统年运营费用；C_{fuel}为系统年购买燃料费用。

（3）能源经济性水平。能源经济性水平由能源系统的投入成本和能源收益决定。与传统能源系统相比，综合能源系统不仅可以减少成本费用，还可以收获客观的经济效益，具体表达式为

$$\rho = \frac{D - \sum_i C_i}{\sum_i C_i} \tag{4-14}$$

式中：ρ为综合能源系统在能源侧的经济性水平；D为一段时间内总的经济收益；C_i为单个能源的投入成本。

（4）设备利用率。设备利用率可以表现为系统内设备的工作状态和生产效率，是一段时间内设备的实际工作时间与计划工作时间的比值，其大小与投资效益直接相关，具体表达式为

$$\eta_e = \frac{1}{N_e T_0} \sum_{n=1}^{N_e} T_n \tag{4-15}$$

式中：η_e为设备利用率；N_e为综合能源系统内的能源环节设备数量；T_0为单位计划工作时长；T_n为第n台设备在单位时间内的实际工作时长。

（5）装置使用寿命年限。装置的使用寿命年限侧面反映了装置的质量和技术水平，是进行综合能源系统规划时的重要参考指标。在长时间的负荷承载及短时间的故障电流冲击前提下，装置质量越高，寿命年限越长，经济性越好。

（6）网损率。受到技术水平的限制和能源特性的影响，配电网环节在传输能源时会存在一定的损耗。网损率是电网的损耗电量占供电量的百分值，是反映系统规划设计以及经济运

行水平的综合性技术经济指标，具体表达式为

$$\mu_{NL} = \frac{\sum\limits_{t=1}^{T} Q_t^{NL} L_t}{Q_E} \tag{4-16}$$

式中：μ_{NL} 为系统的网损率；Q_t^{NL} 为 t 时段的系统网损；L_t 为时段 t 的时间长度；Q_E 为统计周期内系统供应的总电量。

（7）管网热损失率。管网热损失率是管网供热时的热损耗占供应总热量的百分值，具体表达式为

$$P_{HL} = \frac{\sum\limits_{t=1}^{T} Q_t^{HL} L_t}{Q_H} \tag{4-17}$$

式中：P_{HL} 为管网热损失率；Q_t^{HL} 为 t 时段的管网损失热量；L_t 为时间段 t 的时间长度；Q_H 为统计周期内系统供应的总热量。

2. 安全效益指标

（1）设备无故障率。设备无故障率是系统运行时设备无故障运行的概率，此处以设备无故障工作时间所占的比率来表示

$$P_w = \sum_{y=1}^{N} \frac{\lambda_y}{T} \tag{4-18}$$

式中：P_w 为设备无故障率；λ_y 为第 y 次统计的无故障工作时间，h；T 为统计周期的总时间，h。

（2）平均故障停电时间。系统平均故障停电时间是指在一段时间内，配电网内每户家庭平均停电时间的期望值，体现了配电网维持能源可靠供给的能力。它在评价配电网运行和供能可靠性方面具有重要意义，具体表达式为

$$F_t = \frac{\sum\limits_{i=1}^{N_F} T_i}{N_F} \tag{4-19}$$

式中：F_t 为平均故障停电时间，h；T_i 为统计时段内第 i 户家庭的总停电时间，h；N_F 为统计家庭总数目。

（3）线路越限概率。表示综合能源系统中发生线路越限情况的概率，是每一种线路越限状态持续时间占总运行时间百分比的和，表达式为

$$P_L = \sum_{j \in F} \frac{t_j}{T} \tag{4-20}$$

式中：P_L 为线路越限概率；F 为线路越限状态集合；t_j 为越限状态 j 的持续时间，h；T 为统计周期的总时间，h。

（4）管道越限概率。表示综合能源系统的设备中各种管道发生越限情况的概率，为每一种管道的越限状态持续时间占总运行时间百分比的和，表达式为

$$P_P = \sum_{k \in R} \frac{t_k}{T} \tag{4-21}$$

式中：P_p 为管道越限概率；R 为线路越限状态集合；t_k 为越限状态 k 的持续时间，h；T 为统计周期的总时间，h。

（5）切负荷概率。指发生事故时为维持系统的功率平衡和稳定性，将部分负荷从电网上断开，反映系统故障的发生概率，表达式为

$$P_{LS} = \sum_{i \in S} \frac{t_i}{T} \tag{4-22}$$

式中：P_{LS} 为切负荷概率；S 为系统切负荷状态集合；t_i 为状态 i 的持续时间，h；T 为统计周期的总时间，h。

3. 环境效益指标

(1) 能源转换效率系数。能源转换效率系数（energy conversion efficiency coefficient，ECEC）是能够将不同能源的品位相互联系，体现不同品位能源在转换效率方面贡献度的指数。不同能源的能质系数 λ 是不同能源可以转化成能量的部分与总能量的比值，具体计算如下

$$\lambda = \frac{W}{Q} \tag{4-23}$$

式中：W 为可以转化为功的部分能量，kJ；Q 为该能源的总能量，kJ。其中电能是最高品位的能源，能够全部转化为功，故其能质系数为 1，由此可以计算出其他形式的能质系数，并且在不同季节情况下，同种能源的能质系数不同，如表 4-2 所示。

表 4-2 能 源 能 质 系 数

能源名称	夏季能质系数	冬季能质系数
电	1	1
天然气	0.51	0.53
煤	0.34	0.36
耗热量	—	0.07
耗冷量	0.05	—
市政热水	0.1~0.2	0.2~0.3
市政蒸汽	0.2~0.35	0.3~0.4
冷冻水	0.07	—

因此，在能质系数的基础上可以得到能源转换效率系数表达式为

$$I_{ECEC} = \frac{Q_H \lambda_H + Q_C \lambda_C + E \lambda_e}{\sum_i (W_{HVAC_i} \lambda_i)} \tag{4-24}$$

式中：I_{ECEC} 为能源转换效率系数；Q_H、Q_C、E 分别为该能源系统的全年耗热量、耗冷量和热电联产机组的输出电量，GJ；λ_H、λ_C、λ_e 分别代表对应的能质系数；W_{HVAC_i} 为冷热电所消耗的第 i 种能源的总量，GJ；λ_i 为第 i 种能源的能质系数。

(2) 清洁能源供能占比。清洁能源功能占比是体现综合能源系统环保水平的一个重要指标，指在选定统计周期和统计区域内供能总量中由清洁能源作为一次能源转化来的占比，表征了综合能源系统对清洁能源的消纳能力，能源单位统一折算成标准煤表示。表达式为

$$\lambda = \frac{\sum_{i=1}^{N_c} Q_{c,i}}{\sum_{i=1}^{N_Q} Q_i} \tag{4-25}$$

式中：N_c 为系统内能源种类总数；$Q_{c,i}$ 为统计周期内第 i 种清洁能源供能总量，t 标准煤当量；N_Q 为系统内清洁能源种类总数；Q_i 为综合能源系统内第 i 种能源的供能总量，t 标准煤当量。

(3) 单位能量二氧化硫排放量

$$C_S = \frac{\sum_{k \in K} \left(\mu_{k,s} \sum_{i \in N_d} \sum_T F_{k,i}^T \right)}{\sum_{i=1}^{N_Q} Q_i} \tag{4-26}$$

式中：C_S 为单位能量二氧化硫排放量，t；K 为燃料的种类；$\mu_{k,S}$ 为第 k 种燃料对二氧化硫的排放系数；N_d 为系统中的设备种类；T 为系统的评估周期总时段，h；$F_{k,i}^T$ 为第 i 种设备在评估期内消耗第 k 种燃料的总量，t。

（4）单位能量氮氧化合物排放量

$$C_{NO} = \frac{\sum\limits_{k \in K} \left(\mu_{k,NO} \sum\limits_{i \in N_d} \sum\limits_{T} F_{k,i}^T \right)}{\sum\limits_{i=1}^{N_Q} Q_i} \tag{4-27}$$

式中：C_{NO} 为单位能量氮氧化合物排放量，t；$\mu_{k,NO}$ 为第 k 种燃料对氮氧化合物的排放系数。

4. 社会效益指标

（1）缓建效益能力。配电网缓建效益能力在降低配电网投资成本、延缓配电网改造升级方面具有重要作用，它可以用有功、无功功率的单位成本 $C_{i,p}^{IRP}$ 和 $C_{i,q}^{IRP}$ 表示。如果二者为负值，表示传输功率下降，设备的使用强度降低，相应的投资也延缓。表达式为

$$\begin{cases} C_{i,p}^{IRP} = \dfrac{C_{i,p}}{\Delta p} \\ C_{i,q}^{IRP} = \dfrac{C_{i,q}}{\Delta q} \end{cases} \tag{4-28}$$

式中：$C_{i,p}^{IRP}$ 和 $C_{i,q}^{IRP}$ 分别为节点 i 的有功功率、无功变化值造成的费用；Δp 和 Δq 分别为节点 i 的有功功率、无功功率的变化值。

（2）用户端能源质量。为了给用户提供更加高效优质、灵敏可靠的能源服务，对用户用能环节进行评价具有一定的必要性。通过评价用户，可以了解用户的用能情况，发现其中的不足之处。用户端能源质量主要包括电能、热能及燃气等能源质量。用户端能源质量的高低直接决定了用户是否能够消费该类能源以及用户的用能体验。

（3）用户舒适度。用户舒适度是用户参与能源互动的直接感受，具有重要的评估意义。在固定周期内通过进行问卷调查，或在手机应用上进行意见收集，了解该段时间内用户能源消费的满意程度及有关建议。随着我国区域能源系统的不断发展，用户侧将会更加智能化、便捷化，用户的舒适度也会不断提升。

（4）主动削峰负荷量。主动削峰负荷量与需求侧管理有关。需求侧管理是指通过制定确定性或随时间合理变化的激励政策，激励调整用户在负荷高峰或系统可靠性变化时，及时响应削减负荷或调整用电行为的手段。其中，需求侧响应的建设水平和用户的参与积极性可通过主动参与峰值负荷削减的用户比例衡量。

（5）智能电能表普及度。智能电能表是需求侧管理的智能终端，除了具备传统电能表的电能计量功能之外，还具备多费率双向计量、用户信息数据存储、保护控制、电能防窃及用户终端控制等智能化功能，可以提高用户与电网互动的积极性，提升用能途径和体验，更好地适应综合能源系统的发展。因此，智能电能表的普及度可以体现综合能源系统用户环节需求响应的完善度，展现综合能源系统智能化、综合化的发展进程。

4.3　综合能源系统综合效益评估体系及方法

综合能源系统在为多元能源耦合提供平台的同时可以满足用户多样化的能源需求，具有

经济、社会、环境等多方面效益，是时下的研究热点，构建综合评价模型来评价综合能源系统的综合效益是该领域未来的研究重点和发展方向。基于此，本节从评价指标体系构建、权重确定方法和综合评价方法三方面研究综合能源系统的综合效益评价模型。

4.3.1 评价指标体系构建

评价指标体系是由表征评价对象各方面特性及其相互联系的多个指标所构成的具有内在结构的有机整体，是综合评价模型的基础。由于我国综合能源系统的建设尚处于起步发展阶段，现阶段针对综合能源系统所构建的综合效益评价指标体系还相对较少。在已有的研究中，主要有两种评价指标体系的构建思路，一是考虑构建综合能源系统产生效益的类型，二是考虑构建综合能源系统产生效益的环节。

1. 不同类型的效益

现有研究在 CCHP 系统、燃气轮机系统等方面进行效益评价，并分别选取系统投资费用和运行费用、一次能源消耗量和一次能源利用率、CO_2 年排放量和 NO_x 年排放量等作为评估综合能源系统的经济、能耗、环境效益的评价指标，所构建的评价指标体系如表 4-3 所示。现有研究构建的能源综合效益评价指标体系涵盖了综合能源系统在经济、社会、环境效益等三方面的效益情况，但二级指标设置较少，尚不能全面、深入地反映综合能源系统带来的效益情况。

表 4-3　　　　考虑各项效益的综合能源系统评价指标体系

一级指标	二级指标	指标单位
经济效益	投资费用	万元
	运行费用	万元
能耗效益	一次能源消耗量	MWh
	一次能源利用率	%
环境效益	CO_2 年排放量	t
	NO_x 年排放量	t

2. 不同环节的效益

现有研究分别从能源环节、装置环节、配电网环节和用户环节建立了区域综合能源系统效益评价指标体系，并将反映经济效益、社会效益、环境效益等指标融入各环节中。具体评价指标见表 4-4，该评价指标考虑了区域综合能源系统内部能源之间的耦合关系，能够较全面地反映综合能源系统带来的经济、环境和社会效益，但该指标体系选取指标的颗粒度较粗，涵盖的效益指标还不够全面，并未考虑天然气管网、热力管网等的负载率，也未将投资收益等经济性指标考虑在内，仍有待进一步的丰富和完善。

表 4-4　　　　考虑各项环节的综合能源系统评价指标体系

一级指标	二级指标	指标单位	指标类型
能源环节	能源转换效率系数	/	经济/环境效益
	可再生能源渗透率	%	环境效益
	环境污染排放水平	t	环境效益
	能源经济性水平	/	经济效益

一级指标	二级指标	指标单位	指标类型
装置环节	设备利用率	%	经济效益
	装置故障率	%	经济效益
	投资运维成本	万元	经济效益
	装置使用寿命年限	年	经济效益
配电网环节	配电网负载率水平	%	经济效益
	网络综合损耗	%	经济效益
	缓建效益能力	万元	经济/社会效益
	平均故障停电时间	h	经济效益
用户环节	用户端能源质量	/	社会效益
	用户舒适度	%	社会效益
	主动削峰负荷量	kW	经济/社会效益
	智能电能表普及度	%	社会效益

4.3.2　权重确定方法

权重是指某指标在整体评价中的相对重要程度，权重越大则该指标的重要性越高，对整体的影响就越高。由于评价指标体系中各指标对于评价对象的影响程度具有显著的差异性，因此选取合适的赋权方法才能更加准确、全面、系统地实现综合性评价。确定指标属性权重的方法主要包括主观赋权法、客观赋权法和主客观赋权法（或称为组合赋权法）三大类。主观赋权法多适用于难以量化的定性指标；客观赋权法多适用于需要消除人为判断的主观影响的定量指标；而组合赋权法则是将以上两种方法有机结合，依据评价对象的特点对两种赋权方法分别赋权加和，最终得到的综合权重既保留了人为主观判断的要素，又体现了数据的统计特征，是目前应用较为广泛的赋权方法。由于综合能源系统的综合效益评价指标中涵盖了定性指标与定量指标，因此建议应用主客观赋权相结合的组合赋权方法。下面针对主观赋权法和客观赋权法进行详细的介绍与阐述。

1. 主观赋权法

主观赋权法是研究者根据其主观价值判断来指定各指标权数的一类方法。各指标权重的大小取决于各专家自身的主观判断，缺乏稳定性和科学性。受到其缺陷的限制，一般只适用于数据收集困难和信息不能准确量化的评价。目前常用的主要有德尔菲法和层次分析法。

（1）德尔菲法。德尔菲法是指匿名收集专家意见，通过反复多次的信息交流和反馈修正，使专家的意见逐步趋向一致，最后根据专家的综合意见，对评价对象做出评价的一种定量与定性相结合的预测、评价方法，也称为专家评分法或专家咨询法。其步骤如下：

首先，编制专家咨询表。根据评价内容的层次、评价指标的定义和填表说明，绘制咨询表格。

其次，分轮咨询。根据咨询表对每位专家进行两轮以上的反馈，针对反馈结果组织小组讨论，最终确定调查内容的结构。

最后，结果处理。应用相关的统计分析方法，分析各专家对项目研究的关心程度、意见集中程度、意见协调程度等指标，用于筛选指标或描述指标的重要程度，即权重值。

（2）层次分析法。层次分析法（analytic hierarchy process，AHP）是一种简便、灵活的

多维准则决策的数学方法，可以实现由定性到定量的转化，把复杂的问题系统化、层次化。它首先要明确最终解决的问题，再将该问题分解为若干层次和因素，构建层次模型，进而采用 1~9 分的分值对每一层次的相对重要性做出判断，形成判断矩阵。

AHP 法的核心是量化决策者的经验判断，增强了决策依据的准确性，适用于目标结构较为复杂且缺乏统计数据的情况。AHP 法确定评价指标的权重，即在有序递阶的指标体系的基础上，通过比较同一层次各指标的相对重要性来综合计算指标的权重系数。该方法主要步骤如下：

1）构造判断矩阵。利用专家 1~9 比例标度法，对各层次综合能源系统效益评价指标的相对重要性进行定性描述，并进行标准化处理，过程见表 4-5。

表 4-5　　　　　　　　　　　　　　标 度 排 列 表

标度 a_{ij}	定义
1	i 因素与 j 因素相同重要
3	i 因素比 j 因素稍微重要
5	i 因素比 j 因素较为重要
7	i 因素比 j 因素非常重要
9	i 因素比 j 因素绝对重要
2，4，6，8	为两个判断之间的中间状态对应的标度值
倒数	i 因素与 j 因素比较的判断值为 a_{ij}，则 $a_{ij}=1/a_{ji}$

专家打分确定判断矩阵，见表 4-6。

表 4-6　　　　　　　　　　　　　　判 断 矩 阵

A	B_1	B_2	…	B_N
B_1	1	a_{12}	…	a_{1N}
B_2	a_{21}	1	…	a_{2N}
…	…	…	…	…
B_N	a_{N1}	a_{N2}	…	1

$a_{ij}=\dfrac{B_i}{B_j}$ 表示对于综合能源系统综合效益 A 而言，因素 B_i 与 B_j 的相对重要程度。在这个矩阵中，对角线上的元素均为 1，即每个元素相对于自身的重要性为 1。

2）运用和积法求解判断矩阵。将得到的矩阵按行分别相加，过程如下

$$w_i = \sum_{j=1}^{N} \frac{a_{ij}}{N} \tag{4-29}$$

可得到列向量

$$\bar{w} = [w_1, w_2, w_3, \cdots, w_N]^{\mathrm{T}} \qquad (i=1,2,3,\cdots,N) \tag{4-30}$$

3）一致性检验。根据式（4-31）确定综合能源系统综合效益判断矩阵的最大特征值

$$\lambda_{\max} = \sum_{i=1}^{N} \frac{(\boldsymbol{A}w_i)_i}{nw_i} \qquad (i=1,2,\cdots,N) \tag{4-31}$$

然后分别带入式（4-32）和式（4-33）计算用电客户黏度判断矩阵的一致性指标 CI 和一致性比 CR，检验其一致性

$$CI = \frac{\lambda_{\max} - n}{n - 1} \tag{4-32}$$

$$CR = \frac{CI}{RI} \tag{4-33}$$

式中：A 为 A-B 判断矩阵；n 为判断矩阵阶数；$\lambda_{\max}$ 为判断矩阵最大特征值。判断矩阵的一致性与 CI 的取值呈反比关系。当 $CI = 0$ 时，判断矩阵表现一致，而且两两因子比较采用的 $1 \sim 9$ 比例标度作为判断结果也会导致判断矩阵产生一致性偏离。因此，将 CI 的值作为唯一的参考明显不具有说服力。为避免一致性偏离，首先应消除矩阵阶数的影响，再设定一个对不同阶数判断矩阵均适用的一致性检验临界值，此处添加了平均随机一致性指标 RI。具体数值参见表 4-7。

表 4-7　　　　　　　　　　　　　　　修 正 系 数 表

阶数	1	2	3	4	5	6	7	8	9	10	11	12
RI	0.00	0.00	0.52	0.89	1.12	1.26	1.36	1.41	1.46	1.49	1.52	1.54

一般情况下，$n \geqslant 3$ 阶的判断矩阵，当 $CR \leqslant 0.1$ 时，即 $\lambda_{\max}$ 偏离 n 的相对误差较小，CI 小于平均随机一致性指标的 $1/10$，则判断矩阵通过一致性检验；否则，当 $CR > 0.1$ 时，说明 $\lambda_{\max}$ 偏离 n 的相对误差较大，需要调整判断矩阵，直到其具有满意的一致性。

综上，总结以上两种主观赋权法的优缺点及适用性见表 4-8。

表 4-8　　　　　　　　　　　　　　主观赋权法优缺点及适用性

评价方法	优点	缺点	适用性
德尔菲法	（1）发挥专家的作用； （2）能把各位专家意见的分歧点表达出来	（1）过程比较复杂，花费时间较长； （2）主观性较强	满足多类型影响因素分析复杂、灵活性高的特点，但主观性较强，容易产生误差
层次分析法	（1）在有限目标的决策中，许多需要决策的问题都同时包含定性因素和定量因素； （2）把问题看成一个系统，在研究系统各个组成部分相互关系及系统所处环境的基础上进行决策	（1）在评价过程中仍具有随机性、主观上的不确定性和认识的模糊性； （2）判断矩阵易出现严重的不一致现象	对多类型影响因素进行比较分析，是一种定性、定量相结合的系统化、层次化分析方法。这种方法可以量化决策者的经验，适用于结构复杂且数据缺乏的情况，但偏向于主观性

2. 客观赋权法

客观赋权法是利用数理统计的方法分析处理各指标值从而得出权数的一类方法。根据数理依据，客观赋权法分为变异系数法、熵权法、主成分分析法等。客观赋权法根据样本指标值本身的特点来进行赋权，具有较好的规范性，但容易受到样本数据的影响，不同的样本会得出不同的权数。应用中，变异系数法适用于样本各指标独立性很强的情况；熵权法适用于样本指标间具有复杂联系的情况；而主成分分析法则适用于样本指标过多、计算量过大的情况，它可以在保证结果准确性的条件下，大大降低工作量。

（1）变异系数法。变异系数法（coefficient of variation method）直接利用各项指标所包含的信息，通过计算得到指标的权重。此方法的基本原理是：在评价指标体系中，指标取值差异越大，说明指标的实现难度越大。取值差异大的指标可以更好地体现评价单位差距，赋予的权重也更大。步骤有二：第一，计算原始数据标准差与原始数据平均数的比，即变异系数；第二，计算各指标的变异系数的比重，将其作为各指标的权重。

（2）熵权法。熵（entropy）用来表示一种能量在空间中分布的均匀程度，是体系混乱度（或无序度）的量度，用 S 表示。在系统论中，熵越大说明系统越混乱，携带的信息越少；熵越小说明系统越有序，携带的信息越多。

熵权法通过计算指标的信息熵，根据指标的相对变化程度对系统整体的影响决定指标的权重，相对变化程度大的指标具有较大的权重。熵权法广泛应用于统计学等各个领域，具有较强的研究价值。其步骤如下：

1）根据熵的定义，计算第 i 项指标的熵值为

$$Q_i = -\frac{1}{\ln n}\sum_{j=1}^{n} P_{ij}\ln P_{ij} \tag{4-34}$$

其中

$$P_{ij} = \frac{1+\hat{r}_{ij}}{\sum_{j=1}^{n}(1+\hat{r}_{ij})} \tag{4-35}$$

2）计算第 i 项指标的熵权为

$$\beta_i = \frac{1-Q_i}{\sum_{i=1}^{m}(1-Q_i)} \tag{4-36}$$

（3）主成分分析法。主成分分析法也称主分量分析，它通过将多指标合成为少数几个相互独立的综合指标（即主成分）来降低维度。其中每个主成分都能够反映原始变量的绝大部分信息，而且所含信息互不重复。该方法将复杂因素归结为几个主成分，简化问题，同时使数据信息更加科学有效。该方法中，指标权重等于以主成分的方差贡献率为权重，对该指标在各主成分线性组合中的系数的加权平均的归一化。因此，确定指标权重分为三步：第一，计算指标在各主成分线性组合中的系数；第二，计算主成分的方差贡献率；第三，指标权重的归一化。

综上，总结以上三种客观赋权法的优缺点及适用性见表 4-9。

表 4-9　　　　　　　　　　　　　　客观赋权法的优缺点及适用性

评价方法	优点	缺点	适用性
变异系数法	（1）可以消除单位和（或）平均数不同对两个或多个资料变异程度比较的影响； （2）反映数据离散程度的绝对值，较为客观	（1）对于指标的具体经济意义反映不够； （2）过于关注信息要素的赋权可能与实际情况存在一定的误差	适用于指标中数据离散程度大且量纲单位较多的样本的综合评价
熵权法	（1）能够深刻反映出指标信息熵值的效用价值，从而确定权重； （2）熵权法是一种客观赋权法，得出的指标权重比主观赋权法具有较高的可信度和精确度	（1）缺乏各指标之间的横向比较； （2）各指标的权数随样本的变化而变化，权数依赖于样本，在应用上受限制	根据信息熵值的效用价值进行客观赋权，可客观反映各级评价指标的权重值。将主观与客观相结合，可优势互补，提高赋权的准确性

续表

评价方法	优点	缺点	适用性
主成分分析法	(1) 解决了指标间的信息重叠问题； (2) 各综合因子的权重不是人为确定的，而是根据综合因子的贡献率的大小确定，这就克服了某些评价方法中人为确定权数的缺陷	(1) 计算过程比较烦琐，对样本量的要求较大； (2) 评价结果与样本量的规模有关； (3) 假设指标之间的关系都为线性关系，有可能导致评价结果的偏差	当原始数据的定量程度不够时，不适合主成分分析法

4.3.3　综合评价方法

综合评价方法也称多指标综合评价方法，是使用比较系统、规范的方法对多个指标、多个单位同时进行评价，应用范围很广。综合评价是针对研究的对象，建立系统性、全面性的综合评价指标体系，利用一定的方法或模型，对搜集的资料进行分析，对被评价的事物做出定量化的总体判断。

现阶段，综合能源系统综合效益评价方法主要有模糊综合评价方法、TOPSIS 方法等。

1. 模糊综合评价方法

模糊综合评价法是一种基于模糊数学的综合评价方法。模糊综合评价法根据模糊数学的隶属度理论把定性评价转化为定量评价，即用模糊数学对受到多种因素制约的事物或对象做出一个总体的评价。它具有结果清晰、系统性强的特点，能较好地解决模糊的、难以量化的问题，适合各种非确定性问题的解决。该方法具体步骤如下：

(1) 确定评价对象的因素论域。表达式为

$$U = \{U_1, U_2, \cdots, U_m\} \tag{4-37}$$

即评价对象有 m 个评价指标，表明将从这些方面进行综合评价。

(2) 确定评语等级论域。评语集是评价者对被评价对象可能做出的各种总的评价结果组成的集合，用 V 表示

$$V = \{V_1, V_2, \cdots, V_i, \cdots, V_n\} \tag{4-38}$$

式中：V_i 为第 i 个评价结果；n 为总的评价结果数。具体等级可以依据评价内容用适当的语言进行描述。

(3) 进行单因素评价，建立模糊关系矩阵 R。单独从一个因素出发进行评价，以确定评价对象对评价集合 V 的隶属程度，称为单因素模糊评价。构造等级模糊子集后，逐个对被评价对象从每个因素 $u_i(i=1,2,\cdots,m)$ 上进行量化，即确定从单因素来看被评价对象对各等级模糊子集的隶属度，进而得到模糊关系矩阵

$$R = [r_{ij}] = \begin{bmatrix} r_{11} & r_{12} & \cdots & r_{1n} \\ r_{21} & r_{22} & \cdots & r_{2n} \\ \vdots & \vdots & \ddots & \vdots \\ r_{m1} & r_{m2} & \cdots & r_{mn} \end{bmatrix} \tag{4-39}$$

式中：$r_{ij}(i=1,2,\cdots,m;\ j=1,2,\cdots,n;\ 0<r_{ij}<1)$ 表示某个被评价对象从因素 u_i 来看对 V_j

等级模糊子集的隶属度。一个被评价对象在某个因素 u_i 方面的表现是通过模糊向量 $r_i=(r_{i1},$ $r_{i2},\cdots,r_{im})$ 来刻画的，r_i 称为单因素评价矩阵，可以看作是因素集 U 和评价集 V 之间的一种模糊关系。在确定隶属关系时，通常由专家或与评价问题相关的专业人员依据评判等级对评价对象进行打分。

（4）确定评价因素的权重集。为了反映各因素的重要程度，对各因素分配一个相应的权数 $a_i(i=1,\cdots,m)$ 表示第 i 个因素的权重，通常 a_i 满足 $a_i\geqslant0$，$\sum_i a_i=1$，由各权重组成的一个模糊集合就是权重集 A。

（5）进行模糊综合评判。利用模糊合成算子将 A 与模糊关系矩阵 R 合成得到各被评价对象的模糊综合评价结果向量 B。用模糊权重集 A 将不同的行进行综合，可以得到该被评价对象总体上对各等级模糊子集的隶属程度，即模糊综合评价结果向量 B。具体公式为

$$B=A\cdot R=\begin{bmatrix}a_1 & a_2 & \cdots & a_m\end{bmatrix}\begin{bmatrix}r_{11} & r_{12} & \cdots & r_{1n}\\ r_{21} & r_{22} & \cdots & r_{2n}\\ \vdots & \vdots & \ddots & \vdots\\ r_{m1} & r_{m2} & \cdots & r_{mn}\end{bmatrix}=\begin{bmatrix}b_1 & b_2 & \cdots & b_n\end{bmatrix} \quad (4\text{-}40)$$

式中：$b_j(j=1,2,\cdots,n)$ 表示被评价对象从整体上看对 V_j 等级模糊子集的隶属度。

（6）得出评价结果。对多个评价对象比较并排序，即计算每个评价对象的综合分值，可依其大小进行排序择优。

2. TOPSIS 方法

TOPSIS（technique for order preference by similarity to an ideal solution）是一种逼近于理想解的排序法，是多目标决策分析中一种常用的有效方法，又称优劣解距离法。TOPSIS 方法只要求各效用函数具有单调递增（或递减）性，基本原理是借助多目标决策问题中正理想解和负理想解的距离对评判对象进行排序，若评价对象最靠近正理想解、最远离负理想解，则为最优；否则不为最优。其中正理想解的各指标值都达到各评价指标的最优值，负理想解的各指标值都达到各评价指标的最差值。TOPSIS 法根据评判对象与理想化目标的接近程度进行排序，对现有对象进行相对优劣的评价，若评判对象最靠近正理想解，则为最优值，否则为最差值。TOPSIS 法的优势在于能充分利用原始数据的信息，所以能充分反映各方案之间的差距，客观真实地反映实际情况，具有真实、直观的优点。此外，该方法避免了主观因素的干扰，同时解决了客观评价方法无法考虑到实际经验的问题。由于该评价问题的目标是比较不同综合能源系统的综合效益进而有针对性地提出某综合能源系统在某种效益方面的显著优势或者劣势，同时评价问题中的指标数据具有明显的量纲差异，故需要统一化指标量纲再进行评价。因此，TOPSIS 方法对于该评价问题具有良好的适用性。

综上，应用 TOPSIS 评价方法构建综合能源系统的综合效益评价模型包括以下步骤。

（1）建立原始数据矩阵 X

$$X=[x_{ij}]=\begin{bmatrix}x_{11} & x_{12} & \cdots & x_{1m}\\ x_{21} & x_{22} & \cdots & x_{2m}\\ \vdots & \vdots & \ddots & \vdots\\ x_{n1} & x_{n2} & \cdots & x_{nm}\end{bmatrix} \quad (4\text{-}41)$$

式中：x_{ij} 是第 i 类用户的第 j 个二级指标的取值。

（2）运用比重法将初始矩阵无量纲化处理，得到规范化矩阵 Y

$$Y = [y_{ij}] = \begin{bmatrix} y_{11} & y_{12} & \cdots & y_{1m} \\ y_{21} & y_{22} & \cdots & y_{2m} \\ \vdots & \vdots & \ddots & \vdots \\ y_{n1} & y_{n2} & \cdots & y_{nm} \end{bmatrix} \tag{4-42}$$

其中

$$y_{ij} = x_{ij} / \sum_{i=1}^{n} x_{ij} \quad (j = 1, 2, \cdots, m) \tag{4-43}$$

该步骤解决了不同指标的量纲不同、无法比较的问题。

（3）构造加权规范化矩阵。将规范化数据结合层次分析法所得权重，得到加权规范化矩阵 P

$$P = (p_{ij})_{n \times m} = (w_j y_{ij})_{n \times m} \tag{4-44}$$

式中：w_j 为第 j 指标所占综合权重，即其相应一级指标权重与二级指标权重的乘积。

（4）计算正负理想解。实际情况下，没有绝对的最优解和最差解，因此可以运用式（4-45）和式（4-46）确定评价指标的正理想解和负理想解

$$V_j^+ = \begin{cases} \max_i p_{ij} & p_{ij} \text{ 为极大型指标} \\ \min_i p_{ij} & p_{ij} \text{ 为极小型指标} \\ \text{最优值}_i p_{ij} & p_{ij} \text{ 为中间型指标} \end{cases} \tag{4-45}$$

$$V_j^- = \begin{cases} \min_i p_{ij} & p_{ij} \text{ 为极大型指标} \\ \max_i p_{ij} & p_{ij} \text{ 为极小型指标} \\ \text{最差值}_i p_{ij} & p_{ij} \text{ 为中间型指标} \end{cases} \tag{4-46}$$

式中：V_j^+ 为第 j 指标的正理想解；V_j^- 为第 j 指标的负理想解。

（5）计算距离尺度。计算每个目标到正理想解和负理想解的距离，距离尺度可以通过 n 维欧几里得距离来计算。评价对象 i 到指标 j 正理想解 V_j^+ 的距离为 S_k^+，到指标 j 负理想解 V_j^- 的距离为 S_k^-，则计算评价对象的正负理想解为

$$S_i^+ = \left[\sum_{j=1}^{m} (p_{ij} - v_j^+)^2 \right]^{\frac{1}{2}} \tag{4-47}$$

$$S_i^- = \left[\sum_{j=1}^{m} (p_{ij} - v_j^-)^2 \right]^{\frac{1}{2}} \tag{4-48}$$

（6）计算相对贴近度。计算评价对象与正理想解和负理想解的相对贴近度

$$C_i = \frac{S_i^-}{S_i^+ + S_i^-} \tag{4-49}$$

式中：$0 \leqslant C_i \leqslant 1$，当 $C_i = 0$ 时，表示该目标为最劣目标；当 $C_i = 1$ 时，表示该目标为最优目标。在实际的多目标决策中，最优目标和最劣目标存在的可能性很小。

（7）根据理想的贴近度 C_i 大小进行排序。根据 C_i 的值按从小到大的顺序对各评价目标进行排列。排序结果贴近度 C_i 值越大，该目标越优，C_i 值最大的为最优评标目标，意味着综合效益越显著，反之，则综合效益越不显著。

综上，当前综合能源系统综合效益评价的研究结合运用指标体系、赋权方式和评价方法，构建了较为科学的综合能源系统综合效益评价模型，具体应用方式利用两篇文献进行说明：

（1）文献《分布式能源系统多指标综合评价研究》采用了 AHP-熵权法对综合能源系统的综合效益展开评价，即在主观（ω_j^1 表示 AHP 确定的指标权重值）与客观（ω_j^2 表示熵权法确定的指标权重值）赋权后引入熵值（H_j 表示指标熵值），对 AHP 法进行修正，确定组合权重，构建多属性综合决策的综合能源系统效益评价模型，即

$$\omega_j = \omega_j^1 H_j + \omega_j^2 (1 - H_j) \qquad (j = 1, 2, \cdots, n) \tag{4-50}$$

在此基础上，运用集对分析法分析第 k 个方案第 i 个指标的同一度 a_{ki}、对立度 c_{ki}，进而得出方案贴近度 $M(\mu_k)$，进行综合能源系统效益评估与方案排序，即

$$M(\mu_k) = \frac{a_k}{a_k + c_k} = \frac{\sum_{i=1}^{n} w_i a_{ki}}{\sum_{i=1}^{n} w_i a_{ki} + \sum_{i=1}^{n} w_i c_{ki}} \tag{4-51}$$

式中：a_k、c_k 分别表示第 k 个方案接近最优方案的肯定程度和否定程度。

（2）文献《基于正态分布区间数的综合能源系统效益评价研究》建立了基于正态分布区间数的权重信息不完全的综合效益评价模型。该评价模型首先将区间数属性矩阵转化为正态分布区间数属性矩阵 $\boldsymbol{R} = (\beta_{ij})_{m \times n}$，其中 $(\beta_{ij}) = \{\mu_{ij}, \sigma_{ij}\}$，均值 $\mu_{ij} = (r_{ij}^{I} + r_{ij}^{II})/2$，方差 $\sigma_{ij} = (r_{ij}^{I} - r_{ij}^{II})/6$，$r_{ij}$ 表示评价指标属性值。为确定最优属性权重，应使得所有属性值的方差总和最小化，即

$$\min \sum_{i=1}^{m} (\sigma_i)^2 = \sum_{i=1}^{m} \sum_{j=1}^{n} (\omega_i)^2 (\sigma_{ij})^2 \tag{4-52}$$

$$\text{s. t. } \sum_{j=1}^{n} \omega_j = 1 \qquad (\omega_j \geqslant 0, j = 1, 2, \cdots, n) \tag{4-53}$$

并通过 Lagrange 函数求解该模型

$$\boldsymbol{L}(\omega, \theta) = \sum_{i=1}^{m} \sum_{j=1}^{n} (\omega_i)^2 (\sigma_{ij})^2 - 2\theta \left(\sum_{j=1}^{n} \omega_j - 1 \right) \tag{4-54}$$

在此基础上，根据最优属性权重处理属性矩阵 $\boldsymbol{R} = (\beta_{ij})_{m \times n}$，求出第 i 个评价指标综合属性值 $\beta_i = \{\mu_i, \sigma_i\}$，其中 $\mu_i = \sum_{j=1}^{n} \omega_j \mu_{ij}$，$\sigma_i = \sqrt{\sum_{j=1}^{n} \omega_j^2 (\sigma_{ij})^2}$，并基于期望-方差准则对综合能源系统的综合效益进行评价。但文献所提评价方法的计算过程比较烦琐，评价结果依赖于指标区间数的上限和下限的范围，不同的取值可能会导致评价结果不够理想。

然而，上述文献虽对综合能源系统建立了不同的综合效益评价模型，但目前已有研究中的综合评价方法尚停留于理论层面，支撑具体案例落地的实用性尚难以验证。随着我国能源互联网和多能互补示范项目的落地，尽快建立起科学、合理的综合能源系统综合效益评估指标体系/评价方法和相关技术标准/导则具有重要的现实意义。

第5章
综合能源服务可行商业模式及经济效益

5.1 综合能源服务内涵

综合能源服务内涵主要包括综合能源与综合服务两层。其中，综合能源是指通过构建涵盖电、气、热、冷等多个能源领域的能源网络，打破异质能之间的技术壁垒和管理壁垒，实现资源优化配置、能源梯级利用和提升新能源消纳的目标；综合服务是指综合能源服务商依托自身的技术、设备和人才等资源，为用户提供包括能源供应、用能咨询和能源管理等多元化服务，以达到满足用户用能需求、降低用能成本和提高用能效率等目标。

当今世界正处在新一轮科技革命和产业变革孕育期，颠覆性技术不断涌现，产业化进程加速推进，是攸关能源电力行业推进产业转型、释放长足发展潜力、实现做强做优做大目标的关键时期。积极推进综合能源服务建设能有效实现以下效益：

（1）社会价值层面。以市场发展和客户需求为导向，全面提升服务客户、服务社会的水平，通过提供优质综合能源服务满足用户用能需求、提升用户用能体验，为社会安全、合理、高效用能创造价值。

（2）经济价值层面。涵盖能源供应与用能管理的综合能源服务，通过帮助用户降低用能数量、提升用能质量、压缩用能成本为用户创造实实在在的经济价值。

（3）环保价值层面。综合能源服务系统的规模化发展可提升能源网络对可再生能源的消纳能力，对优化社会产业用能结构、促进能源转型、实现绿色低碳发展有着重要价值。

对于能源电力行业本身而言，综合能源服务的建设能有效推动行业实现"三个转型"：

（1）"圈资源"转型为"圈用户"。长久以来，我国能源电力行业处于垂直一体化垄断状态，从而使得"圈资源""圈地盘"成为各能源企业的发展策略，但随着电力市场化改革的推进和电力过剩初成定局，盲目"圈资源"会成为企业发展的桎梏。新时期下，应针对包括园区、大型工商业和大型公共建筑等拓展综合能源服务业务，扩展用户资源，增大用户黏性，从而开辟多元化的发展道路。

（2）"能源供应商"转型为"能源服务商"。随着电力市场的放开，单纯的低价模式在能源供应此类同质化程度很高的市场中难以维系持久发展，应该一改以往"能源供应商"的定位，逐步提高服务意识，扩展综合能源服务，打造全新发展引擎，实现向"能源服务商"的转型。

（3）"资源推动"转型为"科技推动"。大量智能终端的接入和能源互联网技术的发展，使海量数据和信息成为打造全新经济增长点的重要资源，应依托先进数据挖掘技术和信息技术，有序开展数据信息的收集、整理、分析和研究工作，为用户提供个性化、精准化、高效化服务。

5.2 综合能源服务商业模式探讨

5.2.1 综合能源服务商业运营基本原则

(1) "两高三低"原则。"两高三低"指在通过提供综合能源服务，实现系统综合能效的提高、系统运行可靠性的提高、用户用能成本的降低、系统碳排放的降低、系统其他污染物排放的降低。

(2) 互利共赢原则。多能源互联背景下，为控制业务扩张时发生的人才引进、市场开发、基础设施建设等成本，电网企业与能源公司或能源公司之间在进行合作时，应让渡部分自身利益，在技术、人才的交流方面提供一定便利，实现合作双方的互利共赢。

(3) 灵活性原则。能源服务商在提供综合能源服务时，应加强能源供应的灵活性，包括供应时间、供应能源种类、供应方式等方面，以便在控制成本的同时最大限度满足用户的需求。

(4) 多元化原则。多元化主要包含两层含义：第一层指能源种类的多元化，包括电、热和气等；第二层指能源服务的多元化，包括供能服务、增值服务等。

(5) 创新性原则。能源服务商在提供综合能源服务时，应重视两个方面的创新：①技术的创新，包括规划评估技术、信息服务技术及优化运营技术等，以提高系统的运行效率为目标；②服务类型的创新，开发新的综合能源服务平台，提供多种增值服务，全方位、多层次地满足用户用能需求。

5.2.2 综合能源服务商主体

综合能源服务具有综合、互联、共享、高效、友好的特点。综合就是集成化，包括能源供给品种、服务方式、定制解决方案的综合化等；互联是指以跨界、混搭的组合方式呈现出的同类能源互联、不同能源互联以及信息互联；共享是指通过能源传输网络、信息物理系统、综合能源管理平台，实现能源流、信息流、价值流的交换与互动；高效是指通过系统优化配置实现能源高效利用，从传统供能模式转化为向用户直接提供服务的模式；友好是指不同能源供应与用户之间友好互动，可以将公共热冷、电力、燃气甚至水务整合在一起。

围绕能源生产到能源消费全过程链开的综合能源服务具备技术密集、资本密集和资源密集的特征。因此，综合能源市场的竞争主体应具备四类重点资源：

(1) 专业的技术资源。能源生产、能源配送以及节能技改等综合能源服务一方面属于技术密集型领域，对技术储备和专业人才储备有着较高要求；另一方面，综合能源服务系统中电网、热网和天然气网络等包含的各类主辅机和电气设备正常运转需要专业技术支持。

(2) 多样的资质资源。综合能源服务系统建设与运营涉及设计、施工、电热气等能源销售、节能技改等多元化服务类型，相应的经营服务范围都要求市场竞争主体依法取得相应资质。

(3) 大量的资本资源。综合能源服务系统投资建设与管理运营具有投资规模大、技术复杂、建设周期长、资金周转速度有限等特点，故而对竞争主体的资本资源提出了较高要求。

（4）广泛的客户资源。区别于以产品为中心的传统能源电力行业，综合能源服务市场以能源服务为主营业务，服务模式以客户为中心，考虑客户对成本、安全、舒适、便捷、速度等方面的要求开展相应服务，提升客户满意度，增大客户黏性。获取海量客户资源是综合能源服务市场竞争主体做强、做优、做大的关键因素之一。

结合以上分析及对我国现阶段综合能源服务市场竞争态势现状的调研，综合能源市场中服务商主体见表 5-1。

表 5-1　　　　　　　　　　　　**现阶段综合能源市场竞争主体类型**

类型划分	参与综合能源服务市场方式	企业性质	代表性企业
Ⅰ类主体	独立、主导、参与	能源生产与供应企业	电网企业、发电企业、天然气企业等
Ⅱ类主体	主导、参与	能源相关服务企业	能源设备装备制造企业、节能服务企业、能源相关设计与建造企业等
Ⅲ类主体	参与	非能源相关企业	大型互联网企业、建筑设计企业、金融企业等

Ⅰ类主体是能源生产与供应企业，包括电网企业、发电企业、天然气企业等，通常以独立、主导或参与的形式发展综合能源服务业务。Ⅰ类主体的优势在于，该类企业通常具有良好的上游供应与服务能力，在能源生产、传输与配送环节有着相对成熟的技术体系与较强的实力，具备相应的资质、技术、资本、客户等资源储备，通过在既有业务的基础上拓展综合能源服务进一步增强客户黏性，从而在一定程度上反哺上游业务，增加上游收入规模，反过来又能为进一步推进综合能源服务提供动力。另外，不同类型的Ⅰ类主体间强强联手能够实现异质能互补、快速填补业务空白等目标，如电力企业与天然气企业的合作、电力企业与节能服务企业的合作等。Ⅰ类主体的劣势在于，该类企业多以大型央企、国企为主，其管理体制和运营方式等在一定程度上缺乏面向竞争性市场的灵活性。

Ⅱ类主体是能源相关服务企业，包括能源设备装备制造企业、节能服务企业、能源相关设计与建造企业等，通常以主导或参与的形式拓展综合能源服务业务。Ⅱ类主体的优势在于，该类企业通常有着丰富的设备设计、设备制造、节能技改等业务经历，在节能降耗和用能管理等环节具备较成熟的技术与人才储备，并且在节能服务市场已经积累了可观的客户资源，该类企业通过与Ⅰ类主体之间的战略合作，可以实现优势互补，从而加速拓展综合能源服务市场。Ⅱ类主体的劣势在于，该类企业通常缺乏能源产业上游的产品资源，在短期内难以独立开展综合能源服务业务。

Ⅲ类主体是非能源相关企业，包括大型互联网企业、建筑设计企业、金融企业等，通常以战略合作伙伴角色参与综合能源服务市场。Ⅲ类主体的优势在于，该类企业大都属于社会资本，在信息服务、平台开发、互联网运营等领域有着成熟的技术体系与产业链以及丰富的市场经验。以互联网企业为例，具有强大的平台流量优势和互动服务能力，可以通过与Ⅰ类主体和Ⅱ类主体间达成合作，利用 APP 产品开发、大数据分析等经验拓展智能用电、信息服务、掌上能源等业务，进而放大学科交叉与产业交叉的优势，实现"1＋1＞2"的效果；Ⅲ类主体的劣势在于，该类企业在能源产品、资质、技术、资本等资源方面存在较多空白，难以以独立或主导的形式拓展综合能源服务业务。

5.2.3 综合能源服务客户开发策略

5.2.3.1 综合能源服务目标客户

综合能源服务的目标客户应优先选择对降低能源成本存在迫切需求的客户，还应考虑客户用能规模、需求稳定性、利润水平、支付能力等因素，以确保获得较高的服务收益。因此，综合能源服务主体开展综合能源服务业务的目标客户主要包括工业企业、园区、大型公共建筑。

（1）工业企业用能规模大，电价较高，能源成本占生产成本比重高，对能源成本较敏感。为工业企业开展综合能源服务，有利于综合能源服务主体争取优质的售电客户，获取较好的服务收益。

（2）各类园区是大型工业用户聚集的地方，整体用能水平较高。在各类园区中，综合能源服务主体可对园区进行统一规划、建设，如开展区域能源站，使得综合能源服务在提升能源利用效率和降低用户能源成本的同时，实现规模化、集中化的管理，同时通过对优质客户的管理可获得直接经济效益。

（3）公共建筑是人流集中的地方，对电、热、冷、气的品质需求较高，用电价格也相对较高，但用能需求比较稳定，具有较强的支付能力，是推广综合能源服务的重要对象。当前，能源服务公司在建筑领域开展节能与电能替代工作方面已积累了较为丰富的经验，对这部分客户用能服务需求较为熟悉。在此基础上延伸服务内容，更容易实现综合能源服务的业务突破。

5.2.3.2 综合能源服务客户开发时序

按照风险由低到高，实施难度由易到难的顺序拓展市场。优先选择系统内生产、办公建筑对象，再逐步拓展到社会建筑物、工业企业和园区。社会市场开拓过程中，优先选择社会环境、能源结构、经济背景较强的地区，优先选择用能规模大和需求量大且产业有前景的客户。应结合客户需求和服务接受程度，在不同开发阶段提供差异化的服务组合：

（1）单个电力客户（如工业企业、大型公共建筑等）。开发策略为分项实施、逐步推进。初期利用品牌优势与客户黏度，为客户提供专业化的运维服务，通过分析客户的用能数据和对客户电力运维信息化集中管理来降低用户的运维成本；中期通过对客户用能数据的分析，为客户提供合理用能建议，开展节能与电能替代技术改造；后期在获得客户充分信任的基础上开展能源托管服务，为客户提供能源供应整体解决方案。

（2）园区客户（如工业园区、产业园区、经济开发区等）。开发策略为提前谋划、整体布局。初期配合政府部门结合相关政策开展区域能源规划，主要考虑能源配置设计、能源站选址等，为区域能源供应及园区开发建设打好基础；中期可说服政府、社会资本等利益相关方参与能源站的建设，并与其开展股权合作，成立混合所有制公司，获取当地特许经营权，融合分布式光伏、储能、热泵、蓄冷等技术开展综合能源供应；后期为客户构建综合能源系统用能监控平台，提供能源监测和数据的分析服务，在提升客户满意度的同时回收能源站建设成本。

5.2.4　综合能源服务投资运营模式

5.2.4.1　综合能源服务投资运营的特点

综合能源系统投资建设具有规模大、周期长、效果持续时间长、成果不可迁移性、影响因素不确定性和效果不确定性的"一大两长三性"特点。

（1）投资规模大。综合能源系统建设涵盖电源侧投资建设、输配电侧建设、信息平台建设和组织架构建设等方面，工程量大、设备多、建设周期长的特点决定其具有投资规模大的自然属性，故而对投资过程中资金的使用和管理提出了更高的要求。

（2）投资周期长。时间因素在各类投资活动中始终是应予以仔细考虑及妥善处理的关键因素之一。由于综合能源系统建设周期长、投资持续时间长、投资见效比较慢，所以投资主体面临的风险包括由于货币的时间价值不同而带来的通货膨胀、资金贬值等。

（3）投资效果持续时间长。由于综合能源系统对资金的占用时间较长，因而该项目在实施过程中，对所在地的社会、经济、环境等将会产生正面或负面的影响，这种影响与项目的客观存在性相关。

（4）投资成果不可迁移性。综合能源系统建设投资是一种区域性的投资，这种投资方式和特点决定了综合能源系统建设投资成果与其他投资活动相比转移性较差。一方面，项目建设启动后即便发现投资有误或有更优的投资方案，也很难在短期内对投资做出相应调整或找出对应弥补方案；另一方面，项目投资所形成的固定资产与生产能力，很难改作其他用途。

（5）影响因素不确定性。由于综合能源系统投资决策需要建立在对未来的政策、经济、技术、用户用能情况等预判的基础上，各类因素会对项目的投资、建设和运营产生影响，同时，项目的建设与运营也会反过来作用于各类因素。这种相互作用、相互耦合的状态会在一个较长时期内持续存在。因此，计及政策、技术、环境、未来的各种变化因素及其不确定性的综合能源系统投资决策将会变得更为复杂。

（6）投资效果不确定性。综合能源系统建设项目的投资效果取决于整个项目在建设、实施、运营等环节中的工作质量和工作效率，在此过程中，受政治、经济、自然、技术等多种不确定因素的制约，项目在任何环节中的疏忽都将导致投资效益出现波动，甚至难以达到预期的结果。

5.2.4.2　综合能源服务典型投资运营模式

目前，综合能源服务主体参与投资运营区域综合能源系统的模式可分为"自投资＋自运营"模式、"自投资＋委托运营"模式、"不投资＋承接运营"模式。

1. "自投资＋自运营"模式

"自投资＋自运营"模式是指综合能源服务主体通过自有资金或其他融资方式投资、建设区域综合能源系统内的各类能源管网和用能设备，且自己拥有运营、维护和检修团队开展区域内的管网、设备的运维工作，并向终端客户收取相关费用，获取直接经济收益。

"自投资＋自运营"模式一方面可以发挥综合能源服务主体的设备设计、制造、安装的技术领先优势；另一方面，也可以让综合能源服务主体独享利润收益。此种模式下，综合能源服务主体需要独立承担项目的投资运营风险，因此，综合能源服务主体需要拥有雄厚的投资资金、运营团队及经验等基础。

2. "自投资＋委托运营"模式

"自投资＋委托运营"模式是指综合能源服务主体通过自有资金或其他融资方式投资、建设区域综合能源系统内的各类能源管网和用能设备，并委托其他拥有运营、维护和检修团队的服务主体开展区域内的管网、设备的运维工作，并定期向负责运营维护的服务主体按照一定比例收取委托运维费用，获取直接经济收益。

"自投资＋委托运营"模式下，综合能源服务主体拥有区域内各类管网、用能设备的所有权，而将运营权交给其他服务主体代为开展运行维护工作，该模式适合不具备运维服务的综合能源服务主体采用。

3. "不投资＋承接运营"模式

"不投资＋承接运营"模式是指综合能源服务主体不投资、建设区域综合能源系统内的各类管网、用能设备，通过承接运营方式获取区域内管网、设备的运营维护权，并将向终端用户收取相关服务费用，每期按照一定比例与投资建设的服务主体分配收益，剩余的直接经济收益归为己有。

"不投资＋承接运营"模式通过承接方式获取区域内管网、设备的运营维护权，适合资金紧缺但拥有大量运营维护人才和经验的综合能源服务主体采用。

5.2.5　综合能源服务业务模式

在区域综合能源系统的运营过程中，系统运营商通过为用户提供多样化的综合能源服务来获取收益，主要包括七类。

1. 电能服务

区域综合能源系统中的电能主要来自分布式清洁能源和分布式燃气机组，分布式能源通过微网与用户和大电网相连，按照"自发自用、余量上网"的模式运作。在系统建设过程中，可根据各地区的实际特点，采用投资方出资、用户出资或分比例出资的方式建设分布式发电站，同时配套以相应的储能设备。

2. 供热服务

开展供热服务有三种渠道，一是用户端的各种热泵技术，可以采用与分布式电站相同的方式运营；二是电取暖，通过以电代煤、以电代气，将用户的采暖设备更换为电采暖，相关费用可统一通过电费计算；三是将系统内的供暖通道与统一的供暖网络相连，仍从公共供暖通道中获取供暖服务。目前来看，第一种方式最环保也最经济。

3. 供气服务

开展供气服务有三种渠道，一是通过向大型天然气公司购买低价天然气，再转卖至区域内用户，获取差价收益；二是通过合资的方式，引进天然气公司入股，由天然气公司负责区域内天然气供应，原配售电公司负责电力和热力供应，共同分享供能收益；三是直接委托天然气公司负责区域内天然气供应，以客户资源共享、天然气管道租用的方式分享供气收益。

4. 配电网运营服务

通过竞标的方式获得增量配电网试点区域配电网投资权限，配售电公司可以进行配电网投资并拥有配电网的经营权。其他售电公司、发电企业等售电主体与区域内用户开展电力交易产生的过网电量，则可以对其按照省级核定的输配电价进行收费，获取配电网过网费收益。

5. 辅助服务

储能电站在低谷或弃风、弃光时段储存电力，在需要时段释放电力，提供备用容量、调峰调频等辅助服务交易。在区域综合能源系统中，储能电站参与辅助服务可以作为独立个体，或者联合区域内的燃气机组、光伏分布式等电源及储热系统参与辅助服务并获取收益。

6. 增值服务

（1）信息服务。系统运营商应向用户提供能源信息服务，使用户能够随时随地查询自己的用能信息，并且能够在多个用户之间进行用能情况比较。因此，系统运营商的数据挖掘和分析能力至关重要，这也意味着运营商需要在用户端和能源供应端架构相应的监测设备和云端分析处理设备，对用户的用能行为进行特征分析，从而为用户提供精准供能、电力需求侧管理、低碳节能等更加丰富的用能方案。

（2）需求侧管理服务。区域综合能源系统的需求侧管理服务与信息服务紧密相连。具体而言，通过采集、梳理用户的用电数据，总结某时间段内用户的峰谷用电情况、自发电和主网购电情况以及电费、平均电价等信息，并利用曲线图形等技术工具进行分析，在每日结束时为用户提供一份优化用能方案，使用户更多地使用分布式清洁电能，同时降低自身用电成本。

（3）能源监测服务。能源监测是指通过监测区域内电、冷、热、气、水等各能源子系统和配电网的生产情况、运行情况、环境（温度、湿度、有害气体等）情况、管网"跑冒滴漏"情况、区域内各终端用户用能情况，保证区域平稳、安全运行。主要分为整体能耗监测、能源系统监测、设备监测、综合管廊监测以及故障报警等模块。

7. 碳交易服务

碳交易将二氧化碳排放配额作为一种商品，买方通过交易获取额外二氧化碳排放权，卖方通过交易转让排放配额以获取经济效益，碳交易服务在一定程度上起到了激励企业积极开展节能技改和增效降耗工作的作用。

5.2.6　综合能源服务成本效益

5.2.6.1　综合能源服务成本分析

下面以综合能源系统中的天然气分布式、储能电站、光伏分布式、冰蓄冷、热泵、燃料电池、电热锅炉、储热系统、信息化设备为主要研究对象分析综合能源系统中的各类设备成本。

1. 初始投资成本

（1）天然气分布式初始投资成本。天然气分布式设备的初始投资成本主要包括土建成本、设备购置成本、设备安装成本，可表示为

$$C_{1a} = C_j + C_e + C_o \tag{5-1}$$

式中：C_{1a} 为天然气分布式设备的初始投资成本；C_j 为土建成本；C_e 为设备购置成本；C_o 为设备安装成本。

1）土建成本。指房屋和系统设备的建设成本和土地使用费，该项成本费用需要根据具体项目进行考虑与测算。

2) 设备购置成本。典型天然气分布式供能系统的设备购置成本主要包括燃气系统购置成本、控制系统购置成本及电气系统购置成本等。

a. 燃气系统购置成本。根据前期针对区域式天然气分布式供能项目内燃机装机容量及设备购置费用的调研可知（见表 5-2），分布式供能系统燃气系统购置费的平均值约为 400 万元/MW。

表 5-2　　　　　　　　　　燃气系统购置成本参考值

设备序号	装机容量（kW）	设备购置成本（万元）	单位容量投资（万元/MW）
1	3349	1326	395.9
2	4035	1696	420.3
3	3450	1725	500
4	4035	1446	358.4
5	4401	1422	323.1
平均购置成本			399.5

b. 控制系统购置成本。根据前期针对区域式天然气分布式供能项目内燃机装机容量及设备购置费用的调研可知，控制系统的购置成本一般在 200 万～500 万元/套。具体来说，内燃机发电机组成本为 400 万元/MW，控制系统约为 15 万元/MW，燃气和电力配套设备约为 80 万元/MW。

c. 电气系统购置成本。根据前期针对区域式天然气分布式供能项目内燃机装机容量及设备购置费用的调研可知，发电工程的燃气供应系统设备购置成本按 25 万元/MW 计取，电气系统设备购置成本按 55 万元/MW 计取。

3) 设备安装成本。设备安装成本一般为系统设备购置成本的 10%～15%，此处按照 12% 计取，则天然气分布式的设备安装成本约为 60.6 万元/MW。

(2) 储能电站初始投资成本。初始投资成本是指在项目开展过程中，所需要的前期一次性投资，锂电池储能电站的初始投资成本主要包括土建成本、相关设备购置成本、电池采购成本和电池测试/筛选/配组成本，可表示为

$$C_{2a} = C_j + C_e + C'_e + C_o \tag{5-2}$$

式中：C_{2a} 为储能电站初始投资成本；C_j 为土建成本；C_e 为电池购置成本；C'_e 为电池测试/筛选/配组成本；C_o 为相关设备购置成本。

1) 土建成本。指房屋建设成本，不含土地费用。

近期的土建成本核算，主要依据目前电池功率能量密度水平和集成程度，估算 3MW 储能电站的占地面积，按照市场中等水平估算房屋建设成本，约 120 万元。

远期的土建成本核算，考虑到目前储能电站的集装箱形式是较为简单的节约成本的方式，因此按照一个集装箱 10 万～20 万元的价格，将土建成本减小为 100 万元。

2) 相关设备成本。储能电站主要设备通常包括配电设备、电池箱、电池柜和监控系统等。依据市场调研数据，得到储能电站相关设备成本见表 5-3，表中列出了在不同场景下各设备购置成本，配电设备包括隔离变压器(isolating transformers，IT)、储能变流器能量转换系统（power conversion system，PCS）以及电池管理系统（battery management system，BMS）。

表 5-3 储能电站相关设备成本

一级指标		二级指标	近期	远期
相关设备成本	配电设备成本	隔离变压器单价（万元/台）	8.9	.7
		隔离变压器数量（台）	6	6
		储能变流器单价（万元/台）	20	17.5
		储能变流器数量（台）	6	6
		BMS 单价（万元/台）	20	18
		BMS 数量（台）	6	6
	电池箱成本	单个电池箱成本（万元/个）	0.1	0
		电池箱个数	1080	1080
	电池柜成本*	单个电池柜成本（万元/簇）	1.7	0.5
		电池柜簇数	60	60
		监控系统成本（万元）	75	45

* 远期将电池柜替换成电池架，成本降低到 5000 元/簇。

3）电池购置成本。在进行电池购置成本计算时，需考虑三个问题：一是电池的购置容量；二是电池的购置价格；三是电池的更换成本。

a. 电池的购置容量。假设锂离子电池储能电站额定容量为 3MW×3h，由 6 个 500kW 模块组成，额定运行倍率为 0.3C，500kW 模块需配置的电池组能量为 0.5MW×3h。每500kW 模块含 10 簇 50kW 支路，每簇 50kW 的支路上包含电池单体 6 并 192 串，单体 3.2V-50Ah。电池退役界面剩余容量为出厂额定容量的 80%。此外，在电站现场运行中考虑检修备用，需要配置一定比例的电池作为备品，该比例为 9:1。综上，配置 264Ah 电池 40 簇和300Ah 电池 30 簇，实际应购置容量为

$$\frac{(40 \times 264\text{Ah} \times 80\% + 30 \times 300\text{Ah} \times 80\%) \times (192 \times 3.2\text{V})}{90\%} = 10.6\text{MWh}$$

新电池储能电站在容量配置时，考虑到不存在容量衰退及筛选率，后续故障率较低，购置容量设定为 9MWh。

b. 电池的购置价格。近期情况下，设定锂离子电池采购价格为 2100 元/kWh，则采购总价为 2260 万元；远期情况下，设定锂离子电池采购价格设定为 1875 元/kWh，总价 1987.5 万元。

c. 电池的更换成本。一般储能电站，建筑使用年限约为 30 年，而以目前电池技术水平，使用寿命达不到其他设备的同等水平，在计算投资回收期时，参考其他设备的寿命年限即 20 年，因此存在电池 20 年中寿命终结是否需要更换的问题。根据调研分析，锂离子电池使用寿命约为 10 年，在第 11 年需要对电池系统进行更换。

设定远期情况下第二批电池价格为近期情况下第二批电池成本的 0.75 倍，即近期情况下的第二批电池成本为 1875 元/kWh，远期情况下的第二批电池更换成本为 1406 元/kWh，则近期情况下的购置成本为 1987.5 万元，远期情况下的购置成本为 1490.4 万元。

4）电池测试/筛选/配组成本。电池测试/筛选/配组成本明细见表 5-4。

表 5-4 电池测试/筛选/配组成本明细

一级指标	二级指标	近期	远期
测试/筛选/配组成本	设备投资（万元）	10	1.67
	生产线建设费用（万元）	4.5	0.75
	能源消耗费用（万元）	10	6
	人工费用（万元）	9	
	仓储费用（万元）	16	
	零部件更换费用（万元）	10	

近期测试/筛选/配组所需的测试设备和生产线考虑采用租赁形式，远期测试/筛选/配组所需的测试设备和生产线均为已有资产，只需考虑设备折旧，因此该部分成本分别为14.5万元和2.42万元。

（3）光伏分布式初始投资成本。光伏分布式初始投资成本是指光伏分布式的初始建设费用，为一次性投资费用，主要包括光伏分布式的设备购置成本、设备安装成本等，可表示为

$$C_{3a} = C_{gz} + C_{az} \qquad (5-3)$$

式中：C_{3a} 为光伏分布式初始投资成本；C_{gz} 为设备购置成本；C_{az} 为设备安装成本。

（4）冰蓄冷初始投资成本。冰蓄冷空调系统的初投资成本主要包括设备购置成本、设备安装成本等，可表示为

$$C_{4a} = C_{gz} + C_{az} \qquad (5-4)$$

式中：C_{4a} 为冰蓄冷空调系统的初始投资成本；C_{gz} 为设备购置成本；C_{az} 为设备安装成本。

（5）热泵初始投资成本。热泵（制冷机）是通过做功使热量从温度低的介质流向温度高的介质的装置。热泵作为一项能有效节省能源、减少大气污染和 CO_2 排放的供热和空调新技术，为节能和环保提出了一个新的发展方向。热泵的初始投资成本可表示为

$$C_{5a} = C_{gz} + C_{az} \qquad (5-5)$$

式中：C_{5a} 为热泵的初始投资成本；C_{gz} 为设备购置成本；C_{az} 为设备安装成本。

（6）燃料电池初始投资成本。燃料电池是一种把燃料所具有的化学能直接转换成电能的化学装置，具有发电效率高、环境污染小、比能量高、噪声低等优点。燃料电池初始投资成本可表示为

$$C_{6a} = C_{tj} + C_{gz} + C_{az} \qquad (5-6)$$

式中：C_{6a} 为燃料电池的初始投资成本；C_{tj} 为土建成本；C_{gz} 为设备购置成本；C_{az} 为设备安装成本。

其中，土建成本主要是指房屋和系统设备的建设成本和土地使用费，需要根据具体项目情况进行考虑与测算；设备购置成本主要包括燃料电池本体装置成本、反应剂供给系统成本、排热系统成本、排水系统成本、电性能控制系统成本及安全装置成本等。

（7）电热锅炉初始投资成本。电热锅炉是将电能转化为热能，把水加热至有压力的热水或蒸汽（饱和蒸汽）的一种热力设备。电热锅炉分为 LDR（WDR）电热蒸汽锅炉、CLDZ（CWDZ）电热热水锅炉及电开水锅炉三大类，其中电开水锅炉又分为 KS-D 电开水锅炉和 XKS-D 电蓄热开水锅炉。电热锅炉具有无污染、无噪声、占地面积小、安装使用方便、全自动、安全可靠、热效率高达 98％以上等优点。电热锅炉的总初始投资成本可以表示为

$$C_{7a} = C_{gz} + C_{az} \tag{5-7}$$

式中：C_{7a} 为电热锅炉的初始投资成本；C_{gz} 为设备购置成本；C_{az} 为设备安装成本。

设备购置成本主要由锅炉本体费用和电控箱费用及控制系统费用成本组成。

（8）储热系统初始投资成本。当前，储热技术主要包括水储热、固体储热和熔盐储热三种，储热已应用于居民供热、工业用热等领域。储热系统的总初始投资成本可以表示为

$$C_{8a} = C_{gz} + C_{az} \tag{5-8}$$

式中：C_{8a} 为电热锅炉的初始投资成本；C_{gz} 为设备购置成本；C_{az} 为设备安装成本。

设备购置成本主要由电储热设备费用、电气设备和控制系统成本等组成；设备安装成本主要为建设管理费、设计费用和相应安装费用等。

（9）信息化投资成本。信息化投资成本为综合能源系统中信息化设备的总体投资，主要包含信息系统成本、相关设备安装成本以及数据采集装置投资，可表示为

$$C_{9a} = C_{xt} + C_{az} + C_{cj} \tag{5-9}$$

式中：C_{9a} 为信息化投资成本；C_{xt} 为信息系统成本；C_{az} 为相关设备安装成本；C_{cj} 为数据采集装置投资。

（10）基本预备费。基本预备费为综合能源系统在施工过程中，经上级批准的设计变更和国家政策性调整做增加的投资以及解决意外事故而采取措施所增加的工程项目和费用。

2. 运营维护成本

（1）天然气分布式运营维护成本。天然气分布式运营维护成本是指在日常运营过程中，为维护天然气分布式的正常运营所需要投入的人力、物力、财力等日常性支出成本，可表示为

$$C_{1b} = C_{rg} + C_{trq} + C_{sf} + C_{df} \tag{5-10}$$

式中：C_{1b} 为天然气分布式运营维护成本；C_{rg} 为人工成本；C_{trq} 为天然气成本；C_{sf} 为水费支出；C_{df} 为电费支出。

人工成本为天然气分布式维护工人的工资、福利以及相应补贴等；天然气成本主要为采购成本，而天然气的采购价格会受供应的紧张程度、监管等因素的影响而变化；水费支出是为了保持锅炉的安全和高效率，需要按照热电比分别分摊到热和电的成本中；电费为热电联产企业的发电机组、供热机组及其他设备（如输煤皮带、送风机、水泵等）所消耗的电能费用按照电的成本换算成标准煤的消耗成本，按照热电比分别分摊到成本里。

（2）储能电站运营维护成本。储能电站的运营维护成本主要与储能电站的规模、相关配套设施的便利程度、维护人员的数量等相关，包括日常使用过程中的人工成本和储电成本，可表示为

$$C_{2b} = C_{rg} + C_{cd} \tag{5-11}$$

$$C_{cd} = P \cdot Q \tag{5-12}$$

式中：C_{2b} 为储能电站运营维护成本；C_{rg} 为人工成本；C_{cd} 为储电成本；P 为储电价格；Q 为储电量。

人工成本主要为储能电站维护工人的工资、福利以及相应补贴等。

（3）光伏分布式设备运营维护成本。光伏分布式设备运营维护成本指光伏分布式的日常运营维护费用，由于光伏分布式设备在运营过程中不需要原材料，也没有运动磨损部件，因此维护费用较低，且完全可以预见。通常维护费用除了人员工资外，主要是备件费用。根据现有经验，年运营费率通常为 $1\%\sim3\%$。光伏分布式设备装机容量越大，年运营维护费率越

低，具体可表示为

$$C_{3b} = C_{rg} \tag{5-13}$$

式中：C_{3b} 为光伏分布式设备运营维护成本；C_{rg} 为人工成本。

（4）冰蓄冷运营维护成本。冰蓄冷空调系统的运营维护成本主要包括制冷机组、水泵、冷却塔等设备的人工成本和电费支出，可表示为

$$C_{4b} = C_{rg} + C_{df} \tag{5-14}$$

式中：C_{4b} 为冰蓄冷空调系统的运行成本；C_{rg} 为人工成本；C_{df} 为电费支出。

（5）热泵运营维护成本。热泵运营维护成本是热泵在日常运营维护过程中，为维护热泵的正常运营所需要投入的人力、物力、财力等日常性支出成本，可表示为

$$C_{5b} = C_{rg} + C_{df} \tag{5-15}$$

式中：C_{5b} 为热泵的运营维护成本；C_{rg} 为人工成本；C_{df} 为电费支出。

人工成本为热泵管理人员和热泵维护工人的工资、福利以及相应补贴等。此外，热泵在运行过程中会产生电费，即热能从室内传递到土壤（空气、水体），最终又从土壤（空气、水体）传递到室内，整个过程需要电能。

（6）燃料电池运营维护成本。燃料电池的运营维护成本主要是为维护燃料电池电站的正常运营所需要投入的人力、物力、财力等日常性支出成本，可表示为

$$C_{6b} = C_{rg} + C_{df} \tag{5-16}$$

式中：C_{6b} 为燃料电池的运营维护成本；C_{rg} 为人工成本，C_{df} 为电费支出。

人工成本为燃料电池管理人员、维护工人的工资、福利以及相应补贴等，电费主要为燃料电池在日常运行过程中的耗电支出。

（7）电热锅炉运营维护成本。电热锅炉的运营维护成本主要为其日常运营过程中，为维护热泵的正常运营，所需要投入的人力、物力、财力等日常性支出成本，可表示为

$$C_{7b} = C_{rg} + C_{df} \tag{5-17}$$

式中：C_{7b} 为电热锅炉的运营维护成本；C_{rg} 为人工成本；C_{df} 为电费支出。

（8）储热系统运营维护成本。储热系统的运营维护成本主要是为维护储热系统的正常运营所需要投入的人力、物力、财力等日常性支出成本，可表示为

$$C_{8b} = C_{rg} + C_{cr} \tag{5-18}$$

式中：C_{8b} 为储热系统的运营维护成本；C_{rg} 为人工成本；C_{cr} 为储热成本。

人工成本为储热系统管理人员和维护工人的工资、福利以及相应补贴等。

（9）运维检修费。设备运维检修费主要为综合能源系统中各个设备设施出现故障时，技术工人对其进行检测、修缮以及更换的费用。

（10）其他费用。其他费用主要为综合能源系统在运营维护过程中涉及的其他费用。

5.2.6.2 综合能源服务收益分析

1. 能源供应收益

能源供应收益主要包括供电收益、供热收益和供冷收益。

（1）供电收益。供电收益主要包括天然气分布式发电收益、储能电站峰谷电价差收益、分布式光伏售电收益、燃料电池供电收益。

1）天然气分布式发电收益。在综合能源系统中，电、热、冷、气耦合环节是通过冷热

电三联供（CCHP）机组实现的。CCHP 系统通过输入天然气，可以转换并输出电量，获取发电收益。因此，CCHP 发电总收益 $B_{\mathrm{CCHP}}^{\mathrm{E}}$ 可分为用户售电收益 $B_{\mathrm{1CCHP}}^{\mathrm{E}}$、电量上网收益 $B_{\mathrm{2CCHP}}^{\mathrm{E}}$ 和市场交易收益 $B_{\mathrm{3CCHP}}^{\mathrm{E}}$，表达式为

$$B_{\mathrm{CCHP}}^{\mathrm{E}} = B_{\mathrm{1CCHP}}^{\mathrm{E}} + B_{\mathrm{2CCHP}}^{\mathrm{E}} + B_{\mathrm{3CCHP}}^{\mathrm{E}} \tag{5-19}$$

$$B_{\mathrm{1CCHP}}^{\mathrm{E}} = E_{\mathrm{1CCHP}}^{\mathrm{E}} \cdot P_{\mathrm{1CCHP}}^{\mathrm{E}} \tag{5-20}$$

$$B_{\mathrm{2CCHP}}^{\mathrm{E}} = E_{\mathrm{2CCHP}}^{\mathrm{E}} \cdot P_{\mathrm{2CCHP}}^{\mathrm{E}} \tag{5-21}$$

$$B_{\mathrm{3CCHP}}^{\mathrm{E}} = E_{\mathrm{3CCHP}}^{\mathrm{E}} \cdot P_{\mathrm{3CCHP}}^{\mathrm{E}} \tag{5-22}$$

式中：$E_{\mathrm{1CCHP}}^{\mathrm{E}}$ 为用户用电量；$E_{\mathrm{2CCHP}}^{\mathrm{E}}$ 为上网电量；$E_{\mathrm{3CCHP}}^{\mathrm{E}}$ 为参与市场交易电量；$P_{\mathrm{1CCHP}}^{\mathrm{E}}$ 为面向用户售电价格；$P_{\mathrm{2CCHP}}^{\mathrm{E}}$ 为上网电价；$P_{\mathrm{3CCHP}}^{\mathrm{E}}$ 为电力交易成交价格。

2）储能电站峰谷电价差收益。峰谷电价差收益是指储能装置在负荷低谷、电价较低时充电，而在负荷高峰、电价较高时放电，利用分时电价差套利产生的收益。利用储能电站进行峰谷电价差套利时，需考虑储能系统能量损耗，目前国内主流变流器单向转换效率 k 为95％左右。因此，每年的峰谷电价差收益 $B_{\mathrm{SV}}^{\mathrm{E}}$ 可以表示为

$$B_{\mathrm{SV}}^{\mathrm{E}} = E_{\mathrm{1SV}}^{\mathrm{E}} \cdot P_{\mathrm{1SV}}^{\mathrm{E}} \tag{5-23}$$

式中：$E_{\mathrm{1SV}}^{\mathrm{E}}$ 为储能电站的储电量；$P_{\mathrm{1SV}}^{\mathrm{E}}$ 为储电售电价格。

3）分布式光伏售电收益。分布式光伏发电总收益 $B_{\mathrm{PV}}^{\mathrm{E}}$ 可分为用户售电收益 $B_{\mathrm{1PV}}^{\mathrm{E}}$、电量上网收益 $B_{\mathrm{2PV}}^{\mathrm{E}}$ 和市场交易收益 $B_{\mathrm{3PV}}^{\mathrm{E}}$，表达式为

$$B_{\mathrm{PV}}^{\mathrm{E}} = B_{\mathrm{1PV}}^{\mathrm{E}} + B_{\mathrm{2PV}}^{\mathrm{E}} + B_{\mathrm{3PV}}^{\mathrm{E}} \tag{5-24}$$

$$B_{\mathrm{1PV}}^{\mathrm{E}} = E_{\mathrm{1PV}}^{\mathrm{E}} \cdot P_{\mathrm{1PV}}^{\mathrm{E}} \tag{5-25}$$

$$B_{\mathrm{2PV}}^{\mathrm{E}} = E_{\mathrm{2PV}}^{\mathrm{E}} \cdot P_{\mathrm{2PV}}^{\mathrm{E}} \tag{5-26}$$

$$B_{\mathrm{3PV}}^{\mathrm{E}} = E_{\mathrm{3PV}}^{\mathrm{E}} \cdot P_{\mathrm{3PV}}^{\mathrm{E}} \tag{5-27}$$

式中：$E_{\mathrm{1PV}}^{\mathrm{E}}$ 为用户用电量；$E_{\mathrm{2PV}}^{\mathrm{E}}$ 为上网电量；$E_{\mathrm{3PV}}^{\mathrm{E}}$ 为参与市场交易电量；$P_{\mathrm{1PV}}^{\mathrm{E}}$ 为面向用户售电价格；$P_{\mathrm{2PV}}^{\mathrm{E}}$ 为上网电价；$P_{\mathrm{3PV}}^{\mathrm{E}}$ 为电力交易成交价格。

4）燃料电池供电收益。当前，燃料电池相关技术还不够成熟，发电成本相对较高，尚处于初步应用阶段。因此，燃料电池总收益 $B_{\mathrm{FC}}^{\mathrm{E}}$ 主要为用户售电收益 $B_{\mathrm{1FC}}^{\mathrm{E}}$、电量上网收益 $B_{\mathrm{2FC}}^{\mathrm{E}}$ 和市场交易收益 $B_{\mathrm{3FC}}^{\mathrm{E}}$，表达式为

$$B_{\mathrm{FC}}^{\mathrm{E}} = B_{\mathrm{1FC}}^{\mathrm{E}} + B_{\mathrm{2FC}}^{\mathrm{E}} + B_{\mathrm{3FC}}^{\mathrm{E}} \tag{5-28}$$

$$B_{\mathrm{1FC}}^{\mathrm{E}} = E_{\mathrm{1FC}}^{\mathrm{E}} \cdot P_{\mathrm{1FC}}^{\mathrm{E}} \tag{5-29}$$

$$B_{\mathrm{2FC}}^{\mathrm{E}} = E_{\mathrm{2FC}}^{\mathrm{E}} \cdot P_{\mathrm{2FC}}^{\mathrm{E}} \tag{5-30}$$

$$B_{\mathrm{3FC}}^{\mathrm{E}} = E_{\mathrm{3FC}}^{\mathrm{E}} \cdot P_{\mathrm{3FC}}^{\mathrm{E}} \tag{5-31}$$

式中：$E_{\mathrm{1FC}}^{\mathrm{E}}$ 为用户用电量；$E_{\mathrm{2FC}}^{\mathrm{E}}$ 为上网电量；$E_{\mathrm{3FC}}^{\mathrm{E}}$ 为参与市场交易电量；$P_{\mathrm{1FC}}^{\mathrm{E}}$ 为面向用户售电价格；$P_{\mathrm{2FC}}^{\mathrm{E}}$ 为上网电价；$P_{\mathrm{3FC}}^{\mathrm{E}}$ 为电力交易成交价格。

（2）供热收益。供热收益主要包括天然气分布式供热收益、储热系统供热收益、热泵供热收益和电热锅炉供热收益。

1）天然气分布式供热收益。CCHP 系统输入天然气，可以转换并输出热量，获取供热收益。在区域综合能源系统中，天然气分布式供热收益 $B_{\mathrm{CCHP}}^{\mathrm{H}}$ 可划分为面向商业和居民用户

的供暖供热收益 B_{1CCHP}^H 和面向工业用户的工业供热收益 B_{2CCHP}^H，表达式为

$$B_{1CCHP}^H = S_{CCHP}^H \cdot \Delta P_{1CCHP}^H \tag{5-32}$$

$$B_{2CCHP}^H = V_{CCHP}^H \cdot \Delta P_{2CCHP}^H \tag{5-33}$$

式中：S_{CCHP}^H 为 CCHP 的供热面积；ΔP_{1CCHP}^H 为 CCHP 的单位面积供热价格；V_{CCHP}^H 为 CCHP 的供热蒸汽量；ΔP_{2CCHP}^H 为 CCHP 的单位供热蒸汽价格。

2）储热系统供热收益。当前，储热系统存在一次投资相对较大的问题，且储热系统的经营成本过大，不利于储热系统的市场化推广。储热系统供热收益 B_{SH}^H 可分为面向商业和居民用户的供暖供热收益 B_{1SH}^H 和面向工业用户的工业供热收益 B_{2SH}^H，表达式为

$$B_{1SH}^H = S_{SH}^H \cdot \Delta P_{1SH}^H \tag{5-34}$$

$$B_{2SH}^H = V_{SH}^H \cdot \Delta P_{2SH}^H \tag{5-35}$$

式中：S_{SH}^H 为储热系统的供热面积；ΔP_{1SH}^H 为储热系统的单位面积供热价格；V_{SH}^H 为储热系统的供热蒸汽量；ΔP_{2SH}^H 为储热系统的单位供热蒸汽价格。

3）热泵供热收益。采用热泵为建筑物供热可以大大降低一次能源的消耗，具有较高的经济效益。热泵供热收益 B_{HB}^H 可分为面向商业和居民用户的供暖供热收益 B_{1HB}^H 和面向工业用户的工业供热收益 B_{2HB}^H，表达式为

$$B_{1HB}^H = S_{HB}^H \cdot \Delta P_{1HB}^H \tag{5-36}$$

$$B_{2HB}^H = V_{HB}^H \cdot \Delta P_{2HB}^H \tag{5-37}$$

式中：S_{HB}^H 为热泵的供热面积；ΔP_{1HB}^H 为热泵的单位面积供热价格；V_{HB}^H 为热泵的供热蒸汽量；ΔP_{2HB}^H 为热泵的单位供热蒸汽价格。

4）电热锅炉供热收益。当前，电热锅炉的运行费用比燃煤/气锅炉的运行费用高，但占用场地少且污染程度低。电热锅炉供热收益 B_{EHB}^H 可分为面向商业和居民用户的供热收益 B_{1EHB}^H 和面向工业用户的工业供热收益 B_{2EHB}^H，表达式为

$$B_{1EHB}^H = S_{EHB}^H \cdot \Delta P_{1EHB}^H \tag{5-38}$$

$$B_{2EHB}^H = V_{EHB}^H \cdot \Delta P_{2EHB}^H \tag{5-39}$$

式中：S_{EHB}^H 为电热锅炉的供热面积；ΔP_{1EHB}^H 为电热锅炉的单位面积供热价格；V_{EHB}^H 为电热锅炉的供热蒸汽量；ΔP_{2EHB}^H 为电热锅炉的单位供热蒸汽价格。

（3）供冷收益。供冷收益包括天然气分布式供冷收益和冰蓄冷设备供冷收益。

1）天然气分布式供冷收益。CCHP 系统输入天然气，转换并输出冷气，获取供冷收益，表达式为

$$B_{CCHP}^C = S_{CCHP}^C \cdot \Delta P_{CCHP}^C \tag{5-40}$$

式中：B_{CCHP}^C 为 CCHP 的收益项；S_{CCHP}^C、ΔP_{CCHP}^C 分别为 CCHP 的制冷面积和单位面积制冷价格。

2）冰蓄冷供冷收益。冰蓄冷空调系统对于平衡电网负荷、移峰填谷具有重要的作用，蓄冰量、制冷效率、制冷负荷、运行时间是表征冰蓄冷空调系统物理特性的重要参数。当前，冰蓄冷空调供冷系统的收益主要可分为两种方式：一种是按照冰蓄冷空调供冷时间计费，另一种是按照冰蓄冷空调供冷面积进行计费。

按照供冷时间计费的收益模型可表示为

$$B_{IS} = T_I \cdot \Delta P_I^T \tag{5-41}$$

$$B_{IS} = S_I \cdot \Delta P_I^S \tag{5-42}$$

式中：B_{IS} 为冰蓄冷空调的收益项；T_I 为冰蓄冷空调的工作时间；ΔP_I^T 为冰蓄冷空调单位时

间供冷价格；S_I 为冰蓄冷空调的供冷面积；ΔP_I^S 为冰蓄冷空调单位面积供冷价格。

2. 配电网运营收益

其他售电公司、发电企业等售电主体与区域内用户开展电力交易产生的过网电量，可以对其按照省级核定的输配电价进行收费，获取配电网过网费收益，具体收益表达式为

$$B_{ES}^E = E_{ES}^E \cdot P_{ES}^E \tag{5-43}$$

式中：B_{ES}^E 为配电网过网费收益项；E_{ES}^E 为配电网过网电量；P_{ES}^E 为配电价格。

3. 辅助服务收益

辅助服务收益包括储能电站备用收益和储能电站调峰调频收益。

（1）储能电站备用收益。储能电站在低谷或弃风、弃光时段储存电力，在需要时段释放电力，提供备用容量、调峰调频等辅助服务交易。储能电站参与辅助服务可以作为独立个体，或者联合火电、热电、新能源电源等参与备用容量辅助服务。因此储能电站备用收益可表示为

$$B_{BY}^S = E_{BY}^S \cdot b_{BY}^S \tag{5-44}$$

式中：B_{BY}^S 为储能电站备用容量收益项；E_{BY}^S 为储能电站备用电量；b_{BY}^S 为单位容量备用补偿标准。

（2）储能电站调峰调频收益。储能电站可以通过充放电状态调整参与调峰调频工作，并按其提供充电调峰服务统计，对充电电量进行补偿。因此储能电站调峰调频收益可表示为

$$B_{PK}^S = E_{PK}^S \cdot b_{PK}^S \tag{5-45}$$

式中：B_{PK}^S 为储能电站调峰调频收益项；E_{PK}^S 为储能电站调峰电量；b_{PK}^S 为电量补偿标准。

4. 增值服务收益

增值服务收益主要包括能效监测收益、能效诊断收益和信息化服务收益。

（1）能效监测收益。系统供应商通过为终端用户提供能效监测增值服务，帮助用户开展整体能耗监测、能源系统监测、设备监测、综合管廊监测以及故障报警，并收取相关服务费用。能效监测收益主要是指系统运营商通过提供能效监测服务向用户收取的各项费用。

（2）能效诊断收益。能效诊断指系统运营商通过整个区域综合能源系统内各类设备的安全运转率、运维情况、关键设备无故障时间等指标诊断分析能源安全情况。系统运营商通过对关键设备的平均无故障时间、关键设备故障次数、关键设备平均修复时间的分析，为终端用户提供综合能源系统的诊断和故障处理等增值服务，确保用户各类用能设备的安全运行，并收取相关服务费用。能效诊断收益主要指系统运营商通过提供能效诊断服务向用户收取的各项费用。

（3）信息化服务收益。企业通过综合能源服务汇集各项信息，提升信息交换和共享的效率，主要表现为成本的降低和效率的提高。成本的降低主要体现在企业运营成本、库存成本、销售成本、管理成本和研发成本等；效率的提升主要体现在管理效率和资金时间价值的提升。

5. 政府补贴收益

政府补贴收益包括分布式光伏政府补贴收益和储能电站政府补贴收益。

（1）分布式光伏政府补贴收益。政府补贴收益是指政府为鼓励光伏发电产业发展而进行的专项财政补贴或其他补贴，可按发电量或系统容量进行补贴。这里的分布式光伏政府补贴收益指政府按照系统容量进行一次性补贴，表示为

$$B_{BT}^E = E_{BT}^E \cdot b_{BT}^E \tag{5-46}$$

式中：B_{BT}^E 为分布式光伏政府一次性补贴收益；E_{BT}^E 为分布式安装容量；b_{BT}^E 为单位容量补贴标准。

（2）储能电站政府补贴收益。目前国内对储能电站尚未提出完善的补贴政策，但已有文件倡导鼓励储能电站参与电网运行，如为发挥电储能技术在电力系统调峰调频方面的作用，2016 年 6 月国家能源局发布了《关于促进电储能参与"三北"地区电力辅助服务补偿（市场）机制试点工作的通知》；2014 年国家发展改革委发布了《关于完善抽水蓄能电站价格形成机制有关问题的通知》。由于目前尚未发布关于补贴锂离子电池储能的相关文件，可参考抽水蓄能电站实行两部制电价，即按照电厂的可用容量及上网电量分别计付电费，包括容量电价和电量电价。因此，考虑容量电费收益，可表示为

$$I_2 = P_m \cdot m_f \tag{5-47}$$

式中：I_2 为储能电站政府补贴收益；P_m 为储能电站的额定功率；m_f 为单位功率补贴成本。

6. 碳减排收益

2017 年 12 月 20 日，国家发展改革委印发了《全国碳排放权交易市场建设方案》，提出在发电行业启动全国碳排放交易，逐步扩大参与碳交易市场的范围，增加交易品种，不断完善碳交易市场。目前，碳交易的交易产品主要是碳排放配额和国家核证自愿减排量（CCER）两种，且已进行了有效的探索。2017 年上半年，国家发展改革委气候司分别在四川成都和江苏镇江两地组织召开了全国碳排放配额分配试算会议，并且组织召开了《全国碳排放权交易管理条例（草案）》涉及行政许可问题听证会。虽然目前全国市场范围内没有明确规定储能电站融合可再生电源可否作为虚拟电厂参与碳交易市场，但鉴于现行政策，未来很可能出台相关明确规则，推动此种碳交易参与形式。

可再生能源参与碳交易市场具有天然优势，主要体现在：一方面，可再生能源发电避免了碳排放权交易价格波动的风险；另一方面，可再生能源项目可产生 CCER 用于抵消部分碳排放配额，还可通过开发和出售 CCER 获取收益。储能电站在用电低谷时期可利用可再生电源为储能电池充电，在用电高峰时期放电，在此过程中促进可再生能源接入电网，因此可再生能源与储能电站搭配运营更有利于运营主体在碳交易市场获得更多的碳减排收益。

碳减排收益以减少二氧化碳排放量为衡量指标，按照《关于开展碳排放权交易试点工作的通知》的规定，碳排放收益为

$$I_{12} = 365 \cdot t_{CO_2} \cdot P_c \tag{5-48}$$

$$t_{CO_2} = \beta \cdot Q_c \tag{5-49}$$

式中：I_{12} 为碳排放收益；t_{CO_2} 为二氧化碳当量；P_c 为碳交易价格；β 为电力排放因子；Q_c 为用电量。

5.3 综合能源服务典型运营模式的策略分析

5.3.1 电网企业主导的综合能源服务商运营策略

在当前能源转型和电力体制改革的新形势下，电网企业转型开展综合能源服务是必然选

择。从履行企业社会责任的角度，电网承担着电力输配的重要职责，肩负着高效可持续发展的重要使命。尤其是在建设清洁低碳、安全高效的新一代能源系统的过程中，电网将成为能源转型的中心环节，需要电网企业发挥更积极的作用，承担更为重要的责任。此外，电网企业掌握着庞大的电网资产、用电数据以及海量客户资源，在发掘与培育用户需求、增强用户黏性方面具有得天独厚的优势。同时，电网企业也面临越来越多的挑战，随着电改的深入推进，电力市场的垄断性被逐步打破，售电公司、分布式电力企业、储能运营商、互联网跨界电力服务企业等新兴市场主体兴起，电网企业面临的市场不确定性不断增强。此外，随着技术的飞速发展，传统能源供需体系也发生了改变，能量交换途径更加多样，用能需求也更加多样化、个性化。

5.3.1.1　投资策略分析

电网企业主导的能源服务商的投资策略，主要从投资模式、投资决策及投资领域三个角度进行分析。

1. 投资模式

（1）电网企业主导的能源服务商应组建综合能源服务公司，尽快进入市场。电网企业应根据市场需求，组建自己的综合能源服务公司，在提供综合能源服务的同时，积极拓展增值服务。如提供蓄热受托，多能联供，电、热、冷、气多表集抄，能效管理，用能诊断，设备维护等多元化服务。为此，电网企业应增加能源管理、节能管理、用能咨询等科技人才储备，搭建人才智库。

（2）加强与社会资本合作。在热、冷、气等用能领域，电网企业应在充分评估自身优劣势的基础上，加强与社会资本合作，引入社会资本和先进的管理理念，补足自身的短板和劣势。在保证控股的前提下，与社会资本共同出资组建综合能源服务公司，提高市场占有率。

2. 投资决策

（1）健全市场化运作机制，提升市场竞争力。新电改政策实施后，社会资本迅速进入电力市场，开展综合能源服务，电网企业原有的垄断优势逐渐丧失。为应对新型市场主体的挑战，电网企业主导的能源服务商应以市场为导向，以客户需求为中心，加强对客户需求侧的调研管理工作，不断提升客户服务水平，提高市场竞争力。同时，还应进一步加强相应人才队伍建设，不断提升人员素质，提高服务能力。

（2）加强综合能源服务成本分析，保证公司利润。电网企业应明确综合能源服务成本分析，从综合能源服务公司成立、基础设施建设及维护、业务开展等全寿命周期测算综合能源服务成本，确保成本分析全面、透彻，保证综合能源服务的盈利能力。

3. 投资领域

（1）建立完整的能源技术体系。能源技术体系包括基础设施、分布式发电系统、储能系统、分布式用能系统、智能电网、智能气网和智能热网，以及综合能源服务平台等。电网企业应基于不同能流之间与源、网、荷、储等环节的耦合关系，构建技术服务平台，充分发挥综合能源系统的优势。

（2）建立完善的信息技术体系。信息技术体系主要包括数据获取、生产经营和业务支持三个环节。电网企业可将获取的供能、用能数据，结合政策、价格等信息，整合成大数据库，采用数据挖掘、预测等手段，分析用户的潜在需求，进行商业拓展。

5.3.1.2 服务策略分析

电网企业主导的能源服务商的服务策略主要包括以下几点：

（1）核心服务。核心服务多元化，构建终端一体化多能互补的能源供应体系。完善自身核心服务，以智能电网为基础，建设光伏、冷热电三联供等分布式电源，基于电能的冷热供应等系统，满足终端用户对电、热、冷、气等多种能源的需求，构建以电为核心的集成供能系统。

（2）基础服务。巩固用户的能源基础服务，形成以电为核心的能源消费模式。推进用户侧电气化水平与能效的提升，积极推广热泵、绿色照明、充电站、余热回收等高效用能技术，降低用户用能成本，提升能源消费质量，助力绿色高效发展；对用户侧设备等开展专业化智能运维，提供精准故障诊断和状态检修服务，保障客户用能安全性、稳定性。

（3）市场营销策略。制定灵活的市场营销策略，满足客户差异化能源服务需求。结合客户降低能源成本、减少投资的需求，以用电业务代办、设备托管、能效诊断为切入点，综合采用多种能源、技术，创新商业模式，为客户提供具有竞争力的定制化综合能源服务整体解决方案；充分发挥公司品牌、营销渠道、配套电网建设等优势，向目标用户推介综合能源服务组合，建立服务价格优势。

（4）增值服务。推进"互联网＋"能源增值服务，建立用户侧智能能源互联网。以源、网、荷多环节海量数据为依托，搭建综合能源服务平台，运用"云、大、物、移、智、边"等新型技术，深化能量流与信息流融合，优化能流网络运行策略，为客户提供多能调控、需求响应、交易预测等增值服务。

（5）新产品开发。探索能源服务新产品，实现资源价值的深入挖掘，开发以能源大数据、碳资产和金融服务等为核心的能源服务新产品。在用户侧试点建设适当规模的储能装置，结合特高压远距离资源优化配置能力，推动可再生能源跨省跨区消纳。利用数据驱动技术研究用户画像，预测宏观经济走势和行业发展，为客户经营发展、能源交易提供有效的决策支撑服务。

5.3.1.3 盈利策略分析

电网企业主导的能源服务商的盈利策略主要从收益来源、盈利目标及盈利模式三个角度考虑。

（1）收益来源方面。应把握收益来源，主要包括潜在收益、核心服务收益、基础服务收益及增值服务收益。

1）潜在收益包括土地增值和供能收益，主要来自园区。土地增值方面，主要体现在园区主体入驻率与开工率上升；供能收益方面，主要体现在园区能源负荷增加所带来的收益。

2）核心服务收益来自能源服务，主要体现在集中售电、热、气、冷等能源，并收取相应费用，在满足用户用能需求与节能需求的前提下，可节约成本。

3）基础服务收益来自能源生产与虚拟电厂。能源生产方面主要体现在清洁能源发电和可再生能源发电，虚拟电厂方面主要体现在储能、节能、跨用户交易和需求侧响应。

4）增值服务收益主要来自套餐设计，积极拓展增值服务，提供各种组合套餐并收取相应的服务费，如提供多能联供、电、热、冷、气多表集抄、能效管理、用能诊断、设备维护等多元化服务。

（2）盈利目标方面。设计合理的业务路径，并据此确定盈利目标。综合能源服务业务目标可分为近、中、远三个阶段。

近期目标主要是市场开拓与风险控制。市场开拓主要是业务种类与规模的扩张，风险控制主要是对政策的解读、商业模式及价格策略的设计。该阶段为初创期，工作重心在于基础设施的建设与市场规模的扩张。

中期目标主要围绕综合能源和综合服务开展，主要是通过发展相应能源技术以满足用户的多能源消费需求以及潜在需求的挖掘上。该阶段为上升期，公司应将盈利能力的提升作为经营的重要目标。

远期目标主要以智慧能源和"互联网＋"技术为依托开展，智慧能源主要是商业模式创新，而"互联网＋"主要是规模复制、快速拓展。该阶段为成熟期，公司通过商业模式的创新与业务规模的进一步扩张以获得更大的利润空间。

（3）盈利模式方面。设计合理的盈利机制与利益关联机制。

在盈利机制方面，除项目本身经营收入外，应尽可能控制投资，降低运营成本。

在利益关联机制方面，考虑用户、能源供应商、能源服务商等利益相关方的诉求，加强合作，建立共赢机制。

5.3.1.4　管理策略分析

电网企业主导的能源服务商的管理策略主要包括以下几点：

（1）健全管理机制。进一步完善人才选拔机制，在一定程度上实现员工危机意识与责任意识的强化；定期开展相应培训工作，提高员工的专业素养，推进高效管理、增强工作人员的成本意识；及时进行人员补充，提高企业的凝聚力和市场竞争力。

（2）完善管理制度。企业在进行制度设计与拟定时，要结合本企业发展的实际情况制定适合企业发展的管理制度，促进企业管理理念和管理体制优势的发挥。通过对既有管理制度进行完善和补充以及强化管理者执行力，实现高效管理。

（3）有效控制财务。一方面，电网企业要对财务进行整体控制，加强财务总部的工作力度；另一方面，企业内部要针对财务进行系统的评价考核，在考核时纳入财务收款这一指标，进而在完善考核机制的同时减少企业的风险系数。此外，电网企业在进行管理和经营时，要定期进行绩效考核测评，并将成本资金、管理资金以及运营效能置入测评当中，进而充分调动企业发展的活力，促进企业实现成本精益化管理。

（4）提高管理质量。电网企业在发展的过程中需要重视提高企业的工作效率，优化工作质量，细化工作流程，将工作具体落实到人，注重工作细节，在工作中追求精益求精。此外，在项目管理中，企业管理者事先要对项目进行全面了解，并加强项目管理、监督，降低项目的风险系数，促进企业的精益化管理。

5.3.2　能源公司主导的综合能源服务商运营策略

综合能源服务市场的发展给部分传统能源企业提供了转型和延长产业链的机遇，为部分新能源企业提供了资源整合和升级的契机。这类公司大部分为重资产企业，企业规模通常较大，具有较强的实力，一定程度上具备技术资源、资本资源和线下服务能力，具备主导或者参与发展综合能源服务的能力。然而，能源公司与电网公司不同，在提供综合能源服务前期，需要投入大量资金、引进电力相关的技术人才并完成相关基础设施的建设。

5.3.2.1 投资策略分析

能源公司主导的能源服务商的投资决策和投资领域与电网公司主导的能源服务商大致相同。但是，由于能源公司自身技术、经济以及市场等条件的限制，其在投资模式方面，主要采取以合作与并购为主，兼顾自身业务拓展的策略。

能源公司可围绕自身核心业务（如天然气、光伏等）逐步深度展开，可以从配售一体化经营逐步过渡到"配售一体＋多种能源供应＋更多增值服务"的业务模式。小型企业与电网企业进行战略合作，大型企业可以选择与电网企业合作或并购小型企业。由于不同专业领域的企业具有各自专业领域的资源、客户、技术、市场等优势，采取合作或并购，可以快速实现优势互补与竞争力的提升。

5.3.2.2 服务策略分析

在服务策略方面，能源公司主导的能源服务商与电网企业主导的能源服务商的主要区别在于核心服务与基础服务不同，而市场营销策略、增值服务、新产品开发方面的服务策略大致相同。

（1）核心服务方面。能源公司主导的能源服务商也应将设计多元化的核心服务作为服务重心。但由于其在电力领域的技术、经验较为薄弱，应在公司原有能源业务的基础上，建设分布式生物质发电、冷热电三联供及冷热供应等系统，实现"电、热、冷、气"综合能源基础网络的智慧化运营，满足用户的需求。

（2）基础服务方面。能源公司主导的能源服务商应满足用户对燃气或冷、热等能源产品与服务的需求。此外，还应负责辖区内基础设施建设及维修等工作，保证用户用能的安全性与可靠性。

5.3.2.3 盈利策略分析

能源公司主导的能源服务商的盈利策略主要从收益来源、盈利目标及盈利模式三个角度考虑，策略要点与电网企业主导的能源服务商类似。

5.3.2.4 管理策略分析

能源公司主导的能源服务商的管理策略主要从健全管理机制、完善管理制度、有效控制财务、提高管理质量四个角度展开，策略要点与电网企业主导的能源服务商类似。

第6章
综合能源系统仿真平台功能简介

6.1 综合能源系统仿真平台基本架构

综合能源系统仿真平台（见图 6-1）是华北电力大学为适应当前能源发展潮流，致力于解决可再生能源规划不合理问题，建立的一套科学的规划优化和运行优化仿真系统，为综合能源的规划提供理论依据。软件整体可以用"五大目标、四大模块"来概括：五大目标是平台最终实现综合能源系统综合能效提高、可靠性提高、运能成本降低、碳排放降低、其他污染物降低；四大模块是在五大目标的引导下，围绕构建综合能源系统的关键环节所设定的四项具体的子功能，即综合能源系统规划优化、运行优化、市场交易和效益评估四大功能模块。

图 6-1 综合能源系统仿真平台功能结构

区域综合能源系统仿真平台具体可以涵盖区域级"电、热、冷、气"综合能源系统规划方案可行性仿真、设备运行性能及网络潮流仿真、区域综合能源市场交易仿真以及系统性能综合效益评估仿真四部分内容。

（1）区域综合能源系统规划方案可行性仿真。根据需求侧用户对电、热、冷、气等各类能源的负荷需求特性及区域内的自然资源属性（风速、光照等），考虑各类系统约束和异质能源耦合机制，开展综合能源系统的容量配置、设备优选、管网结构优化、技术经济性评估等规划功能仿真，得出系统中的负荷与分布式新能源出力预测结果，以及各类能源出力/

耦合/储运设备的容量配置方案、设备优选方案、技术经济性评估结果，辅助决策综合能源系统规划。

（2）设备运行性能及网络潮流仿真。根据区域综合能源系统中各类设备的物理模型和电、热、冷、气传输网络的潮流计算模型，考虑不同用户需求、运行工况以及市场交易场景，开展区域综合能源系统的设备运行仿真及网络的潮流计算仿真，模拟设备运行的输入/输出参数变化和综合能源系统网络的电、热、冷、气潮流情况，辅助决策区域综合能源系统运行的可靠性验证和策略优化。

（3）区域综合能源市场交易仿真。借鉴分布式能源交易、天然气和热力交易机制，设计区域综合能源交易的可行市场机制，构建综合能源市场交易模型，开展区域综合能源交易仿真，具体包括对电、热、冷、气等能量交易以及辅助服务、期货等类型交易的交易流程、报价情况和出清过程的仿真，验证相关交易机制的有效性并辅助决策主体对交易策略的制定。

（4）系统性能综合效益评估仿真。根据能够反映综合能源系统运行可靠性、经济性和环保性的效益类指标，以及系统中电、热、冷、气供/用/储能设备和管网运行性能指标，结合区域综合能源系统运行仿真结果、实际运行效果，采用传统主客观赋权评估方法或智能化评估方法，评估区域综合能源系统运行的经济性、环保性、有效性及设备、管网性能，评估结果可以作为规划、运行方案修正的参考，指导系统持续优化。

6.2　规划优化模块

综合能源系统规划优化模块主要实现不同运行场景下的区域综合能源系统的能源设备装机容量规划、新增容量规划，提供各类场景仿真结果报告，为设计单位进行区域综合能源系统的具体规划进行仿真。

6.2.1　新建园区容量规划

综合能源系统园区容量规划是针对新建园区的分布式发电设备的容量进行规划优化。根据基本场景和基础数据设置，考虑当地用能特性和资源特点，合理规划各发电设备的功能（尤其是储能设备在综合能源系统中的角色），并利用遗传算法、粒子群算法、飞蛾算法、模拟退火等多种智能算法求解。

6.2.1.1　综合能源场景设置

将综合能源系统源场景分为源-网-荷-储四个模块：在源侧配置风机、光伏、热泵、燃机、电锅炉、燃气锅炉、燃油锅炉、生物电站等多种常见设备；网侧分为电网、热网、冷网、气网，包括规划场景所需的电、热、冷、气等传输网络结构，并在程序内部嵌入了网络传输限制以及潮流仿真模型；负荷侧有电负荷、热负荷、冷负荷、气负荷；储能侧分为蓄冷、储电、储热三种。用户可根据需求选择不同的设备，以进行规划模拟优化。

选择源测分布式设备及型号，根据实际情况，可在已有设备库的基础上进一步添加所需设备，同时设置所选分布式设备优化最大上限，如光伏板优化最大上限根据楼宇可安装光伏面积进行计算。综合能源系统源侧设备选择如图 6-2 所示。

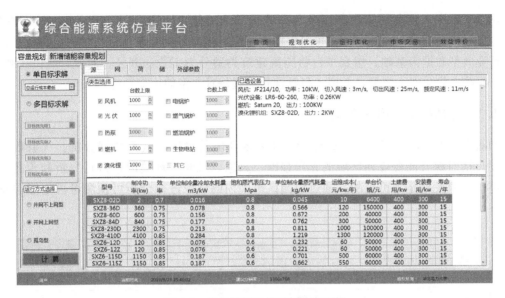

图 6-2　综合能源系统源侧设备选择

根据用户规划需求选择园区内部建筑类型，依据夏季典型日以及冬季典型日电、热、冷、气负荷趋势模拟全年 8760h 的负荷数据。设定峰谷平电价以及当地利率，仿真平台可根据系统运行方式以及所设定的不同优化目标自动寻找最优解。

6.2.1.2　负荷预测模块

负荷预测分为电力负荷预测、热负荷预测、冷负荷预测以及气负荷预测。根据电、热、冷、气负荷的不同特性，自动根据时间序列法、回归分析法、灰色数学理论，并以小时级的预测步长满足规划优化的要求。在满足一定精度要求的条件下，确定未来某特定时刻的负荷数据，为规划优化计算调度策略提供基础。负荷趋势设置如图 6-3 所示。

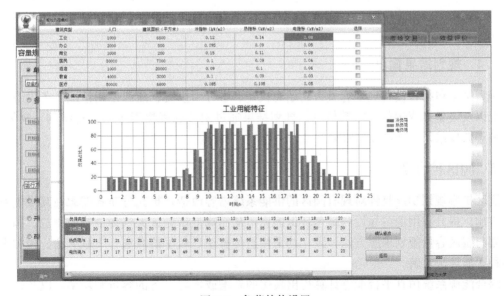

图 6-3　负荷趋势设置

仿真平台嵌入负荷估算模型以及负荷数据导入功能，用户可以导入全年 8760h 的电、热、冷、气负荷需求。此外，用户可以根据负荷估算模型对全年负荷进行估算，仿真平台以建筑行业典型数据为基础。仿真平台将园区建筑类型分为工业、办公、商业、居民、酒店、教育、医疗、娱乐八大类型，并嵌入每种建筑类型每日典型的用能趋势。

6.2.1.3 外部环境参数设置模块

如图 6-4 所示，外部环境参数包括折现利率和电价设置、气象数据分析。气象数据分析主要包括对综合能源规划区域的光照强度、风速、气候等环境因素进行分析和预测。由于可再生能源发电是不可控的，通过对园区范围内的气象进行分析可预测可再生能源发电功率。

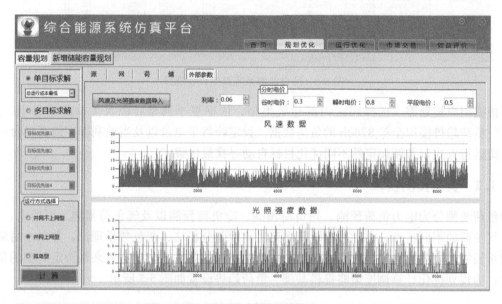

图 6-4　外部环境参数设置

6.2.1.4 规划结果输出

规划结果包括各设备规划容量、初始总投资、各分项投资、能源使用情况、各设备拟使用情况以及设备推荐运行策略等信息。规划结果通过图形和表格展示出运行结构、规划解、约束解等数据结果，如图 6-5 所示。

6.2.2 园区扩容规划

园区扩容规划功能是针对现有园区的供能系统增容改造，扩充分布式能源在其供能系统中的占比，提升其用能可靠性与绿色环保能力，从而降低该地区大气污染物的排放。园区扩容规划与园区容量规划求解方法一致，均采用遗传算法、粒子群算法、飞蛾算法、模拟退火等多种智能算法求解。

综合能源系统仿真平台能够计算得出最优的新增或增容设备的容量和功率，以及该方案全寿命周期内设备的安装、土建、运行维护等各种经济指标。

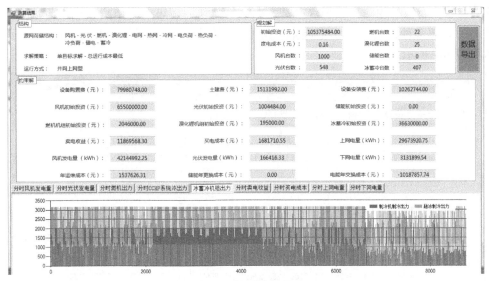

图 6-5　规划结果界面

6.3　运行优化模块

6.3.1　场景设置

　　运行优化时首先选择园区现阶段的已有场景以及各种边界条件，从而进入运行方案库（见图 6-6）中。目前，综合能源系统仿真平台针对我国工业、商业、社区等所含的典型供能组合，已建立 300 余个典型场景。

图 6-6　运行方案库

6.3.2　考虑需求响应的短期负荷预测

　　仿真平台建立了考虑需求响应的短期负荷预测模型，并实时接受需求响应信号，对未来

24h 负荷需求实行滚动预测。该平台主要考虑电负荷预测、热负荷预测、冷负荷预测、气负荷预测，并设置多种预测方法，可根据各预测方法的计算误差选择最优预测方法。负荷预测主界面如图 6-7 所示。

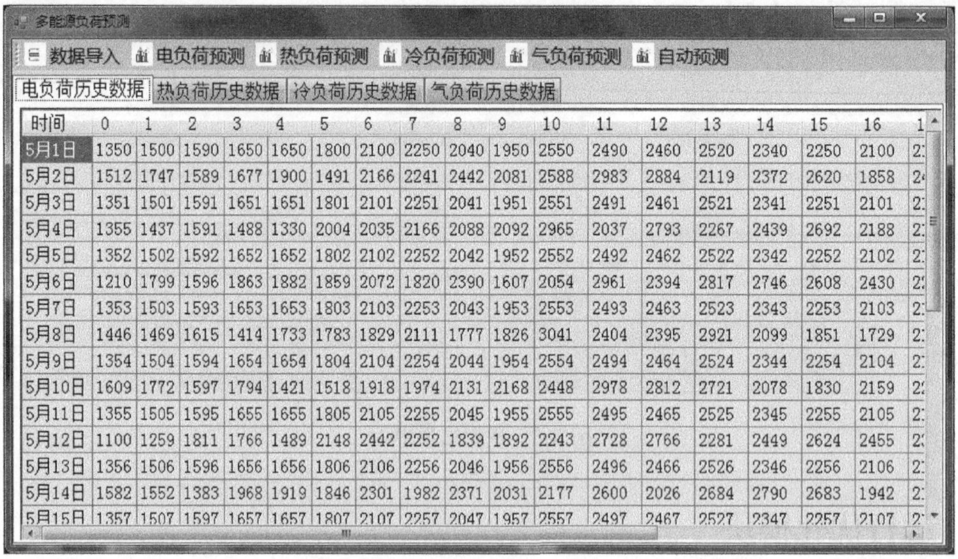

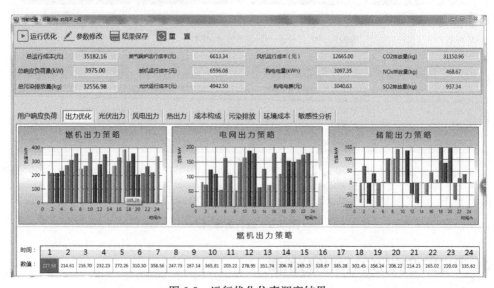

图 6-7　负荷预测主界面

6.3.3　优化结果输出

用户可根据需求设置运行优化的单目标优化以及多目标优化。单目标优化模式下可为用户优化出一组最优解。多目标优化可得出帕累托最优解，运行方式可选择并网上网型、并网不上网型及孤岛型，可进行设备出力优化，分别对电网、热网、冷网、气网的出力优化，并进行经济性计算，可进行污染物排放量监测、敏感性分析。运行优化结果如图 6-8 所示，可得出一天内的运行成本以及污染排放情况。

图 6-8　运行优化仿真调度结果

6.4　市场交易模块

综合能源交易仿真包括综合能源系统内部各分布式能源供应商与运营商或用户的交易以及综合能源系统与外部能源市场的交易。按照"交易类型、主体确定-交易模型构建及算法设计-交易仿真平台搭建"的实现思路，构建综合能源系统内部和外部交易仿真平台，实现综合能源现货交易和期货交易仿真。其中，交易主体包括具有市场交易关系的各综合能源服务商、各类能源的供应商、各类能源管网运营商以及用户；交易标的物既包括电、热、冷、气等能量，也包括调峰、调频等辅助服务以及能源期货交易。

6.4.1　交易场景设置

市场交易场景设置（见图 6-9）是基于多种能源供应、传输和消费各阶段包含的所有主体和元素，构建综合能源系统内部与外部市场交易场景。交易场景中共设置了 6 个交易主体，包含光伏、风机、热电联产、溴化锂制冷机、热泵、电锅炉、燃气锅炉、生物质机组、储能电池、冰蓄冷机组等 12 种分布式设备，各交易主体最多包含 3 种不同的设备。

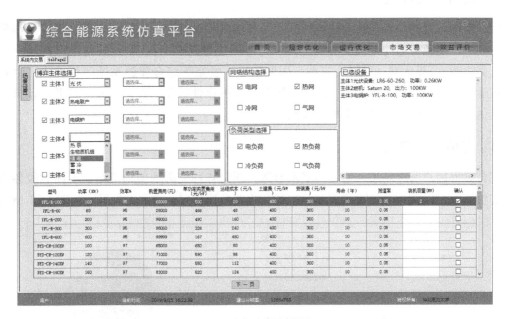

图 6-9　市场交易场景设置

按照综合能源系统运行调度所含元素的种类，设置各交易主体所属的供能设备类型、型号、装机容量以及其他运行参数，设置配电网运行结构和园区所含负荷类型。

6.4.2　基本参数设置

基本参数设置是输入或设置市场交易仿真所需的部分运行数据，包括园区典型电、热、冷、气负荷曲线，外购能源种类和基本成本，各交易主体的运行成本、利率，用户侧能源价格等数据。用户根据系统规定的模式设置或导入基本参数数据，如图 6-10 所示。

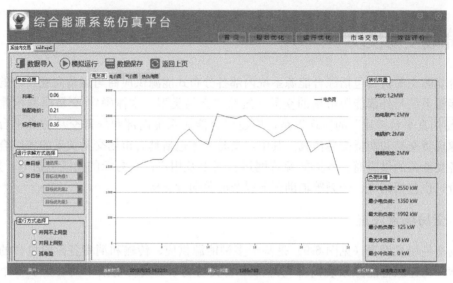

图 6-10　基础参数设置

6.4.3　运行结构设置

运行结构设置指综合能源系统内外部交易各能源传输约束、调度指令目标函数等参数的设置。其中，能源传输约束包括并网上网（与外界能源网双向流动）、并网不上网（只能向外界购买能源）、孤岛型（离网）三种。调度指令下发基于综合能源系统运行优化，因此需要设置运行优化的目标函数，包括综合能效最高、可靠性最高、总运行成本最低、碳排放最低、其他污染物排放最低等 5 个单目标或多目标。

6.4.4　交易结果输出

平台根据用户所选场景和输入的基本参数，制定各种能源的使用策略、不同时段各能源的购买价格以及园区内各分布式能源的运行和收益分配情况。交易结果展示如图 6-11 所示。

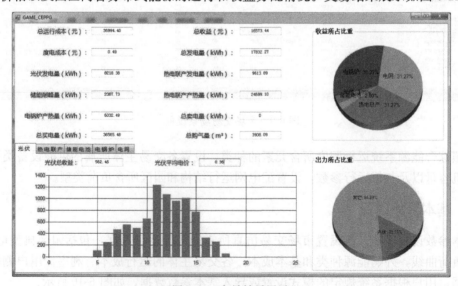

图 6-11　交易结果展示

6.5　效益评估模块

首先，依据行业标准、设备规格参数，梳理总结电、热、冷、气供/用/储能设备及各类传输管网运行的性能参数要求，形成涵盖综合能源系统各类设备、管网的性能参数表/参数手册，构建综合能源系统运行性能评估指标体系。此外，依据国内外相关研究及实践中考虑的主要效益类型，从综合能源系统运营的经济效益、环境效益和社会效益等维度构建综合能源系统效益评估指标体系。

（1）经济效益评价主要从促进经济增长、促进产业升级、电费收益、供暖收益、信息服务收益以及削峰填谷收益等方面进行。

（2）环境效益包括减少大气污染物排放、减少能源损耗、节约水资源、减少原料运输排气等。

（3）社会效益包括减少系统备用成本、延缓配电网改造、带动清洁能源产业发展与就业增长、改善社会福利水平、实现不同供用能系统间的有机协调、提高社会供能系统基础设施的利用率、各类能源的优化利用等。

综合能源系统平台根据大量工程数据分析研究得出综合能源规划与运行的评估标准。效益评估模块（见图6-12）可以对规划优化与运行优化的优化结果进行综合评估，将优化结果与设定标准对比，得出提升程度，用户可根据优化目标的不同选择评价指标的权重，并给出最终得分。

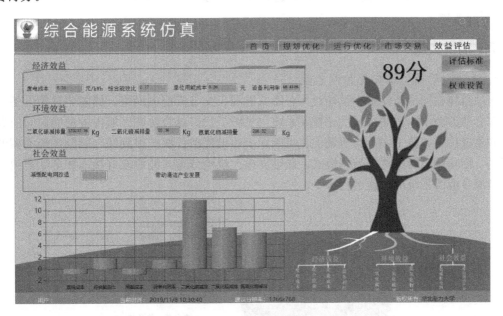

图6-12　效益评估模块

第7章
国内外综合能源系统典型案例解析

7.1 同里新能源小镇项目

7.1.1 项目概况

同里新能源小镇规划面积 3km²，根据建设时序分近期开发区（0.89km²）和远期开发区（2.11km²）两个部分。其中，近期开发区以国际能源变革论坛永久会址为核心，打造会址启动区；以新能源与古镇水乡相融合为特色商业体验带动二期开发，打造湖滨商业区；以新能源相关的总部办公、教育培训、能源交易等商务为主带动三期开发，打造智慧商务区；以零碳社区示范为先导带动四期发展，打造居住生活区。未来，在近期发展的基础上，配套相关的居住、教育、文化、商业等设施，进行远期开发，形成功能完善的特色小镇，覆盖3km²规划区域。

7.1.2 项目实施

1. 源-网-荷-储协调优化控制系统

该项目将在同里新能源小镇建设集分布式能源、交直流配电网络、储能装置等设备为一体的综合能源源-网-荷-储协调优化控制系统（见图7-1），综合协调区域内各种能源间的有机组合和集成优化。源-网-荷-储协调优化控制系统建设范围首次扩展到综合能源系统的调度控制范畴，创新配电网的调度控制模式，能够支撑大规模分布式能源友好接入和全额消纳，提升小镇综合能源系统的智能运行水平。

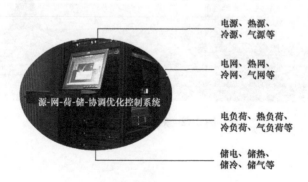

图 7-1　源-网-荷-储协调优化控制系统

源-网-荷-储协调优化控制系统覆盖包括同里新能源小镇 $0.89km^2$ 范围内综合能源系统
"源-网-荷-储"各个环节。一期启动区建设包括交直流微网路由器、低压直流配电环网、分
布式电源等。源-网-荷-储协调优化控制系统硬件部署于启动区交直流中心站内，采用与交直
流互补协调控制系统进行统一设计，即一个平台实现所有功能应用，并为后期将在新能源小
镇建设的三端柔性直流设备、高温相变光热发电、压缩空气储能、绿色充换电站、负荷侧虚
拟同步机以及其他清洁能源等项目留有控制接口。源-网-荷-储协调优化控制系统除协调控制
电力资源外，将热力、天然气等其他能源可控资源也一并纳入控制范围，综合协调区域内各
种能源间的有机组合和集成优化。

2. 分布式能源建设

同里新能源小镇可再生能源种类丰富，拟挖掘风能、太阳能、生物质能等可再生资源禀
赋，利用清洁能源实现电、冷、热、气负荷的综合全面供给，结合储能技术和微网控制技
术，打造多能互补、综合利用的可再生能源供应门类最丰富的供能区域，形成"清洁为方
向、电为中心、电网为平台、电能替代为重点"的供能体系。

在同里新能源小镇拟打造可再生能源利用手段最先进的清洁能源利用示范区。利用能源
多样性、差异性、互补性优势，解决传输过程能量损耗问题，促进能源就地消纳，实现不同
时间、空间尺度上的区域能源高效、经济、清洁利用；探索主要利用建设本地分布式能源和
用能需求管理，解决未来区域用能需求的能源发展新模式。

针对启动区负荷需求与区域功能特点，计划在启动区内建筑屋顶铺设共 450kW 光伏发
电系统；在交直流中心站建设 2 套混合储能系统，1 套含 $20kW \times 15s$ 超级电容储能与 $200kW \times$
$2h$ 锂电池，1 套含 $80kW \times 15s$ 超级电容储能与 $400kW \times 2h$ 锂电池。实现可再生能源利用率
最大化，建立环境友好、绿色清洁的供能模式。

利用启动区的酒店和会议中心屋顶、电动汽车充电站顶棚建设屋顶光伏发电系统。屋顶
光伏系统包含 1600 块 290W 单晶硅太阳能电池组件、10 台 8 进 1 出光伏直流汇流箱、5 台直
流并网变流器及相应的电气、继电保护、监控等电力设施。另外，在充电车位处建设光伏雨
篷，光伏装机容量 60kW。风光储路灯系统计划沿启动区主干道两侧布置，系统包含 720 台
140W 风光储路灯及相应的电气、保护、控制等电力设施。

7.1.3　项目成果

1. 分布式能源交直流互联系统

该工程创新建设以微网路由器为核心的分布式能源交直流互联系统，通过可灵活调节系
统能量的多端口柔性功率变换装置，实现信息流和能量流高度融合，对能量流动进行准确、
连续、快速、灵活调控。

微网路由器作为分布式能源交直流互联系统的枢纽，实现多电压等级交流、直流电网互
通互联，通过实时收集各连接微电网电能信息数据，统筹分析，综合决策，有效分配各网络
间能量流动，最大程度吸收和消纳可再生能源，彻底解决分布式能源灵活接入、高效利用、
就地平衡的难题，打造能源供给、消费新模式。多流向能量主动控制及功率调配管理技术，
将实现区域间能量互通互联，打造交直流能源互联网络。

2. 低压直流配电环网

低压直流配电环网是采用直流配电系统运行控制与保护、灵活直流电压变换、直流变压

隔离、用户侧直流用电等关键技术,直接为负荷提供直流电并合环运行的配电网络,支持新能源、储能接入及能量双向互动。

通过低压直流配电环网的建设,将减少分布式电源、储能装置接入电网的交直流转换环节,实现分布式电源和直流负载的灵活接入;利用直流配电环网实现直流负载直配直供,不仅减少电网运行的相位和频率控制环节,降低网侧电压和电流纹波,提高供电质量,且减少交直流转换环节,提高能效。

低压直流配电环网的建设将充分利用小镇内可再生能源,支持光伏等直流分布式电源、储能的灵活接入,形成以直流配电网为核心的区域综合能源网络,提高能源供给效率。相同条件下,直流配电线路输送距离为交流线路的3~6倍,损耗降低10%~15%,节约通道约20%,同里新能源小镇低压直流配电环网将作为典范向全国推广。

3. 综合能源源-网-荷-储协调优化控制系统

建设集分布式能源、冷热电三联供、交直流配电网络、负荷侧虚拟同步机、储能装置等设备为一体的综合能源源-网-荷-储协调优化控制系统,综合协调区域内各种能源间的有机组合和集成优化。

源-网-荷-储协调优化控制系统建设范围首次扩展到综合能源系统的调度控制范畴,并采用了先进的广域分布式控制模式,即主站集中决策层—网格子站分布控制层—控制设备执行层的三层架构,支撑大规模分布式能源友好接入和全额消纳,创新配电网的调度控制模式,提升小镇综合能源系统的智能运行水平。

7.2 国网客服中心南北园区综合能源服务项目

7.2.1 项目概况

国家电网有限公司客户服务中心(简称国网客服中心)包括服务中心北方分中心(天津)、服务中心南方分中心(南京)和服务中心信息运维中心(天津)三大业务板块。其中,国网客服中心南(园区)(南京)、北(园区)(天津)两个园区按地理位置分布各承担13个省市的供电服务热线任务,并互为容灾备用。国网客服中心建设总目标是将南北园区建设为"国家电网公司能源技术与服务创新园区"。国网天津市电力公司作为国网客服中心北园区承建单位,按照统一规划、科学设计的原则,兼顾先进性和适用性两方面,提出了建设以电能为中心,融合电能替代与节能技术,规模化应用多种清洁能源,技术先进、智能互动的绿色复合型能源网。国网客服中心南园区项目建设围绕"四大功能定位",开展"三项核心业务",实现"一大目标",建设园区型微能源网。作为承建单位,国网江苏省电力有限公司提出将国网客服中心南园区打造成服务的典范、节能的先导、生态的示范,最终建设成为国家电网公司能源技术与服务创新园区。

1. 国网客服中心北园区

国网客服中心北园区是国网客服中心本部所在地,项目具有建设规模大、功能齐全、管理要求复杂、智能化程度高的特点。该项目规划面积为79.91万 m^2,地上建筑物共10栋,分为生产核心区和后勤区两大功能区。国网客服中心北园区由国网天津市电力公司提供冷、暖、电、热水的综合能源供给服务。项目建设过程中,国网客服中心坚持实施"两型一认证"（建设绿色复合型能源网、智慧服务型创新园区，取得绿色建筑标识认证），国网客服中心北园区于 2015 年 7 月获得由国家住房和城乡建设部颁发的"三星级绿色建筑设计标识证书"。该项目建成分布式接入、需求感知、万物互联、网络共享的绿色复合型能源网，并首次了实现光、冷、热、储等多种能源协调的示范应用；园区高比例的可再生能源和 100% 全电的能源解决方案实现了多类型能源综合利用，有效支撑了国家电网公司能源技术与服务创新园区的建设目标。

2. 国网客服中心南园区

国网客服中心南园区一期建设项目，位于南京市江宁滨江经济开发区内，紧邻长江，瑞风路以东，威狮路以北，地形方正平缓。西北角规划有过江快速通道，两条主干道沿用地西、北两侧通过，由规划绿带与用地隔开。主要功能分区是呼叫中心区及换班宿舍区，规划总建筑面积 30.81 万 m²，其中一期总建筑面积 135988m²。一期建设内容为呼叫中心（3000 座席）、运行监控中心、公共服务、换班宿舍。其中地上 106341m²，地下 29647m²，容积率 0.98%，绿地面积 100763m²，绿化率 39.5%。园区共建设 9 栋楼宇，生产区布置有呼叫中心、运行监控中心及生产区服务中心 3 栋楼，生活区布置有换班宿舍 5 栋楼及生活区服务中心 1 栋楼。

7.2.2　项目实施

（1）国网客服中心北园区。国网客服中心北园区投资金额为 9280.58 万元，其中，国网（天津）综合能源服务有限公司（原国网天津节能服务有限公司，以下简称节能公司）主要负责冰蓄冷系统和地源热泵系统的建设，投资金额为 3525.27 万元；工程本体的蓄热式电锅炉系统项目和太阳能热水系统项目，投资金额为 2358.35 万元；国家电网智能电网创新示范工程项目主要负责光伏发电系统、光储微电网系统、太阳能空调系统、运行调控平台 4 个子系统项目的工程应用，投资金额为 3396.96 万元。项目资金情况见表 7-1。

表 7-1　　　　　　　　　　国网客服中心北园区项目资金情况

资金来源	金额（万元）	子项目名称	概算（万元）
节能公司	3525.27	冰蓄冷系统	1837.38
		地源热泵系统	1687.89
工程本体	2358.35	蓄热式电锅炉系统	1158.09
		太阳能热水系统	1200.26
国家电网智能电网创新示范工程	3396.96	光伏发电系统	1227.98
		光储微电网系统	218.09
		太阳能空调系统	500.79
		能源网运行调控平台	1450.10
合计	9280.58	合计	9280.58

（2）国网客服中心南园区。国网客服中心南园区项目范围包括光伏发电系统、风力发电系统、光储微电网系统、空调冷热源及太阳能热水系统，其中空调冷热源（包括冰蓄冷空调系统、地源热泵系统、蓄热式电锅炉系统）及太阳能热水系统由北京市建筑设计研究院有限公司负责，光伏发电系统、风力发电系统、光电储能系统由江苏省电力设计院有限公司负责，能源网运行监控平台由江苏省电力设计院有限公司与国网电力科学研究院有限公司国电通公司联合完成。项目资金情况见表 7-2。

表 7-2 国网客服中心南园区项目资金情况

项目名称	子项目名称	南方园区概算（万元）
绿色复合型能源网	光伏发电系统	1228
	风力发电系统	206
	光储微电网系统	220
	冰蓄冷系统	7766
	地源热泵系统	
	蓄热式电锅炉系统	
	太阳能热水系统	1130
	能源网运行调控平台	1450
	小计	12000

1. 光伏发电系统

（1）国网客服中心北园区。光伏发电装机总容量为 813kW，其中，在研发楼的 8 栋建筑（除 3、10 号外）屋顶安装多晶硅光伏组件，装机容量为 785kW；楼间连廊屋顶等区域安装薄膜光伏组件，装机容量为 28kW。通过光伏发电为园区提供部分电能。

（2）国网客服中心南园区。项目光伏总装机容量 389.06kW，25 年年均发电量约为 78.203 万 kWh。项目采用 245W 多晶硅太阳能组件，共计铺设 4106 片；公共服务楼上共安装 150 块 328W 和 82 片 140W 薄膜光伏组件，薄膜组件安装容量合计为 60.68kW。

2. 光储微电网系统

（1）国网客服中心北园区。光储微电网系统主要包括 50kW×4h 铅酸蓄电池储能、48kW 光伏发电系统以及安装在 1 号研发楼的 40kW 公共照明。

（2）国网客服中心南园区。光储微电网系统由 50kW×4h 铅酸蓄电池组成，接入光储微电网；微电网中的光伏发电系统由两组屋顶光伏板组成，共约 60kW，负荷为公共服务楼的一处配电箱的照明负荷，共约 60kW。

储能单元与分布式发电单元协调控制，储能系统与负荷协调控制，提供多种能量管理策略，保证能源利用在最优模式。

3. 太阳能空调系统

国网客服中心北园区。太阳能空调系统由槽式集热器、风冷冷水机组、空气源热泵等设备构成，包括屋顶 630m³ 的槽式集热器，该太阳能空调系统可为 10 号研发楼供暖（冷）以及提供生活热水。夏季供冷时，由高温导热油驱动溴化锂吸收式冷水机组制备冷冻水；冬季供暖时，通过油-水换热器进行热交换产生空调热水。后备冷热源包括两台总制冷量为 1060kW 的风冷冷水机组及 3 台总输入功率为 57kW 的空气源热泵。

国网客服中心南园区未建设太阳能空调系统。

4. 太阳能热水系统

（1）国网客服中心北园区。屋顶铺设 1470m² 的承压玻璃真空管（U 形管），同时，通过蓄热式电锅炉的蓄热水箱高温水作为热水补充，利用太阳能集热器制备生活热水，满足园区热水需求。

（2）国网客服中心南园区。采用蓄热式电锅炉加热热水系统补充地源热泵供热不足的缺

口，考虑安全余量，蓄热系统设计地源热泵负担的总供热量按照 4500kW 计算。2 台
1620kW 的电热水锅炉用于晚间蓄热，每日夜间的电力低谷时段内，电热水锅炉所蓄得的热
量存储在蓄热槽中。

5. 冰蓄冷系统

冰蓄冷系统与地源热泵和基载制冷机组配合为园区供冷。

(1) 国网客服中心北园区。包括 2 台双工况机组，总制冷量为 6300kW，制冰量为
4284kW，放置在地下室集中能源站；采用蓄冰盘管形式，蓄冰总量为 1 万 RTh。

(2) 国网客服中心南园区。设置 4 台双工况离心制冷主机，制冷 1100RT/蓄冰 715RT，
其中一期安装 2 台，二期安装 2 台，总蓄冰量约 24000RTh，与双工况同步分期安装，采用
内融冰钢盘管。

6. 地源热泵系统

夏季，地源热泵系统与冰蓄冷和基载制冷机组配合为园区供冷；冬季，地源热泵系统与
蓄热式电锅炉配合为园区供暖。

国网客服中心北园区包括 3 台地源热泵机组，总制冷量为 3585kW，制热量为 3801kW；
室外放置 629 口地源热泵井，分布在园区各个区域。

国网客服中心南园区设置 2 台地源热泵机组，单台制冷量 2450kW（697RT），单台制热
量 2461kW（700RT）。

7. 蓄热式电锅炉系统

国网客服中心北园区共安装 4 台电锅炉，总制热量为 8280kW，放置在集中能源站，另
配备 3 组蓄热水箱，作为供热备用，总体积为 2025m³。冬季通过蓄热式电锅炉系统与地源
热泵系统配合为园区供暖，同时，利用太阳能热水作为补充热源。

国网客服中心南园区蓄热电热机组系统采用全量蓄热模式设计，串联蓄热系统。选用
2 台 1620kW 电热水锅炉用于联合地源热泵供应夜间谷价时段负荷，2 台 1620kW 电热水
锅炉用于晚间蓄热。每日夜间的电力低谷时段内，电热水锅炉所蓄得的热量存储在蓄热
槽中。

8. 能源网运行调控平台

通过能源网运行调控平台对园区的冷、热、电及储能系统进行运行监测、智能学习和智
能调控，实现多种能源合理、协调、优化配置，最终实现国网客服中心园区多种能源的安
全、经济运行。

7.2.3　项目成果

通过国网客服中心南北两个园区的建设，对新技术和新设备的实用化进行有益的探索和
应用，建设囊括电、冷、热、生活热水多种混合能源协调应用的园区绿色复合型能源互联
网，有助于实现国网客服中心园区作为"国家电网公司能源技术与服务创新园区"的建设
目标。

1. 实现绿色复合型能源网建设

国网客服中心园区全面集成风、光、储等多种分布式能源转换装置，实现园区内多种能
源协调控制和综合能效管理，以物联网、大数据、云计算、智能化集成管控为支撑，构建一
个透彻感知、万物互联、高度融合、智能联动的智慧有机体，实现智慧决策和服务。园区建

设光伏发电、太阳能空调、储能微网、地源热泵、太阳能热水、冰蓄冷、蓄热锅炉等系统，引入光伏树、发电单车和国内首个应用于工程实践的发电地砖，研发能源网运行调控平台、能源协调控制器、分布式电源即插即用装置，通过全电、绿色的节能设计，实现多种能源协调控制和综合能效管理，建成以电能为中心的"源-网-荷-储"互动型区域能源互联网络；实现多种节能技术与电能替代的融合，既提升了清洁电能在终端能源消费的比例，又降低了用户能源使用的成本；首次提出涵盖园区型能源网全寿命周期管理的综合评价指标体系与方法，建立了包含综合、子系统、运维三大类指标，涵盖能源网规划设计、建设、运行、维护管理等全寿命过程管理；探索多元化综合能源服务新模式，打造涵盖电能、供热、热水、制冷等一体化的综合能源供应服务，降低用户的用能成本，为用户提供优质能源服务的同时，有利于国家电网有限公司在电力改革的环境下不断开拓外部需求市场。

2. 打造园区综合运行平台

（1）全球能源技术和服务创新交流平台。开展节能技术及电动汽车等新能源技术的创新技术交流、综合展览展示以及专业教育培训。

（2）世界领先公共服务平台。实现客户服务业务规模领先，包括客户服务、节能产品推广服务的多元化业务发展模式的领先，高效、低成本的运营绩效领先，以及倡导节能消费观念的社会效益领先。

（3）国际一流生态主题体验平台。利用新能源、节能技术等先进科技成果，打造一流的互动、文娱和生态体验。

（4）充满智慧与活力的新概念商业综合体。引入国内顶尖节能和电动汽车等新能源技术商企入住园区，拓展产业合作，打造多元化商业环境，促进内部资源协同。

3. 综合效益全面提升

项目综合采用了节能蓄能、移峰填谷、可再生能源利用和能源运行优化调控等技术，取得了显著的经济和环境效益。下面以国网客服中心北园区项目为例进行介绍。

（1）每年电能替代电量 1182 万 kWh。蓄热式电锅炉每供暖季可替代电量约 664 万 kWh；地源热泵系统每制冷季替代电量 206 万 kWh，每供暖季替代电量 219 万 kWh；冰蓄冷每制冷季替代电量 93 万 kWh。

（2）每年可节约电力 5996.2kW，节约电量 1100 万 kWh。与采用基载离心式冷水机组供冷、电锅炉供热并且没有利用地热能和太阳能的传统供能形式相比，光伏发电、太阳能热水、太阳能空调、地源热泵及能源网运行调控平台可节约电力电量，冰蓄冷空调与蓄热式电锅炉很好地实现了移峰填谷。按园区用电综合电价 1.067 元/kWh 计算，每年可节约电费 114.28 万元；按分布式光伏发电项目的电价补贴标准 0.42 元/kWh 计量，每年可获得 44.98 万元补贴，则光伏发电系统每年可获得收益 159.26 万元。光伏系统总投资 1247 万元计算，投资回收期为 7.83 年。

（3）项目每年可节省运行费用 987 万元，增量投资 7.13 年可以回收。传统供能形式一般采用离心式冷水机组制冷，采用电锅炉供暖和制备生活热水，按照传统供能形式 160 元/m² 的单位建设投资计算，14m² 供能面积需要 1400 万元。能源网运行调控平台投资概算 9280 万元，比传统形式投资增加 7040 万元。增量投资部分的静态回收期为 7.13 年。

7.3　北辰国家产城融合示范区中关村产业服务核心区项目

7.3.1　项目概况

天津市北辰国家产城融合示范区包括两个园区和两个示范镇，分别为国家级北辰经济技术开发区核心区、国家级高端装备产业园以及大张庄镇、双街镇两个市级示范小城镇。将规划建设成为国家级新闻出版装备产业园区、欧盟产业园、大数据产业园、高端装备制造产业园，其中，中关村产业服务核心区位于北辰示范区内，规划用地面积约 8km²，包括居住社区、公共服务设施、研发中心和技术交易中心等。

7.3.2　项目实施

1. 冷、热供应方案

采用集中供热和供冷方式满足区域用能需求，其中，商业和研发中心通过燃气锅炉、三联供以及地源热泵为主结合蓄热式电锅炉调峰的方式供热，采用三联供、地源热泵、冷水机组为主结合冰蓄冷调峰的方式供冷；学校采用分散式电供暖、冷水机组供冷；居住区采用燃气锅炉供热、分体空调供冷；其他区域采用燃气锅炉及冷水机组供热或供冷。

2. 天然气供应方案

（1）区内现有的中压管线不能满足用气需求，需靠近气源管线规划新建高调站 1 座。

（2）规划在九园公路与双立路交口附近新建高调站 1 座，气源接自北辰-宝坻-蓟县（简称北宝蓟）高压，进站高压管线为 DN300，出站中压管线为 DN600，该站设计能力为 4 万 m³/h，满足该区域及项目东、北侧地块用气需求。

（3）规划高调站气源由北宝蓟计量柜经北宝蓟高压提供，北宝蓟计量柜设计能力为 3 万 m³/h，仅能满足目前下游用户的需求，为保障规划高调站气源，需对北宝蓟计量柜进行增容改造。

（4）规划沿区域内双立路、双海道、双锦路、新光道、新颜道、双盈路等新 DN200～DN500 中压管线与双海道、新光道等现状 DN300 中压管线相连接，构成区域中压管线的环状供气格局。

3. 智能电网建设

（1）建设坚强网架。结合区域项目开发进度，实现配电网 100% 双环网，满足该区域用户接入需求。

（2）开展配电自动化建设。推动区域配电自动化 100% 全覆盖，同步开展状态检测、主动抢修、互动服务等工作。

（3）开展主动式配电网试点。选取 2 组环网，建设 2 座 10kV 交直流混联开闭站，通过两端柔性环网控制实现 2 条不同变电站 10kV 母线合环并联运行。

（4）推广清洁替代。规划建设充电桩群，开展电动汽车分时租赁业务；重点推动校园蓄热式电锅炉建设。

4. 通信组网方案

传输骨干网采用工业以太网组网形式，接入网采用 EPON 技术，各能源站布置工业以太网光纤交换机，各能源站联网组成环网，最大网速 1000Mbit/s。通信组网投资约为 1806 万元。

5. 综合能源服务管理平台

按照"两级三层四中心"的建设思路，打造综合能源服务管理平台，为用户提供经济、节能、生态环保综合能源服务等多目标优化的综合能源服务。"两级"，即整体设计，分层建设，打造区域级与用户级两级平台；"三层"，即以综合能源服务管理平台为物质基础，以通信信息网络为神经系统，以多元大数据中心为智慧中枢，构建综合能源服务管理平台；"四中心"，即监控中心、调度中心、能效中心和交易中心。

7.3.3 项目成果

1. 提升供能可靠性

通过天然气、供热/冷设备的"四表合一"及信息化、自动化建设，将大幅提升区域能源故障抢修效率，提高区域供能可靠性。其中供电可靠性将达到 99.999%；区域以电能为中心，电、热、冷、气等多种能源为补充，实现多种能源互联互通，可以提升区域能源供应安全。

2. 提高能源利用效率

传统方案和综合能源方案系统能效比分别为 1.44 和 3.23，系统能效比提升 1.24 倍，综合能源方案大幅提升了区域能源利用效率。在能源生产侧、配置侧和消费侧开展多能控制，采用综合能源管理平台及智能家居 APP，可实现能源效率 5% 以上的提升。根据企业用能需求，推动冷热电三联供系统工业蒸汽的使用，进一步提升了能源利用效率。

3. 减少投资降低用能成本

就该项目而言，采用传统方案的设备投资成本约为 166233 万元，而采用综合能源方案投资为 129788 万元，初始投资即可减少 36445 万元。同时，采用能源站供能，节约了大量用户分体空调、冷水机组和自备燃气锅炉等投资。两种方案对比见表 7-3。

表 7-3 方案对比

方案	设备投资（万元）	年运行费用（万元）	年收益（万元）	年净收入（万元）	回收期（年）
常规方案	166233	19355	31270	11915	14
综合能源方案	129788	14301	30593	16293	8

另外，采用综合能源方案，对用户来说，一方面可以降低用能成本，如利用光伏发电系统满足一部分用电需求，用户通过消费侧智能控制可节约 5%～10% 的能源费用支出；另一方面采用一体化供能、一站式服务，实现用户接入服务、缴费服务等 30% 以上的提速，降低人力成本，节约时间。

7.4 上海莘庄工业区燃气三联供改造项目

7.4.1 项目概况

该项目是上海市莘庄工业区联合中国华电集团有限公司共同开展的 PPP 项目，采用 DBFO（设计-建造-融资-运营）模式，利用莘庄工业区现有供热设备，另选新址新建燃气冷热电三联供设施，在保证安全和稳定的前提下为莘庄工业区不间断地供电、热、冷。项目所处的上海泗泾电网一直存在较大的电力缺口、供电紧张，项目投运后可满足莘庄工业区范围内的部分负荷需求，在一定程度上减轻当地电网供电压力。

项目一期工程动态总投资 10.05 亿元，静态总投资 9.82 亿元，用于建设 2 套 60MW 级燃气-蒸汽联合循环机组，特许经营期 30 年（含建设期 2 年），项目主要依靠终端用户付费和售电收入来获取收益。采取"自有资金＋商业贷款＋补贴"方式完成项目融资，其中，项目公司自有资金 8000 万元，商业银行贷款 6 亿元，清洁基金以可行性缺口补贴方式提供了 2.8 亿元清洁发展委托贷款（低息），上海市财政为该项目提供 2000 万元可行性缺口补贴。

7.4.2　项目实施

莘庄工业区供热、供冷特许经营权由项目公司获得，项目相关的生产设施及配套管网的投资、建设与运营工作由项目公司负责，同时政府会收购或补偿原有供热站的资产。项目建成后，终端用户直接支付用热、用冷费用给项目公司，同时项目公司还可向电力公司收取购电费。

项目投产后，华电闵行公司为工业区内的用户安全、稳定、不间断地供热、供冷，同时发电并网，终端用户付费和售电收入是其主要收入来源。根据协议约定，项目建成后华电闵行公司应按照莘庄供热公司届时的蒸汽价格销售给原有用户和西区范围内的用户，在政府有关部门出台新的汽价政策前，华电闵行公司暂不上调供汽价格，对于新纳入工业区范围内的蒸汽用户，蒸汽价格不得高于当时政府的指导价，并享受下浮 5% 的优惠。为弥补华电闵行公司从终端用户处收费的不足，政府提供投资补贴、土地定向招拍挂等一系列扶持政策。

7.4.3　项目成果

（1）多元化投融资模式减小政府财政压力。项目运用 PPP 模式操作可以将政府当前无力负担的初始投资交由社会资本投资，并使其通过最终用户的长期付费获利，降低政府财政负担。在莘庄工业区燃气三联供项目中，通过多元化的融资模式，地方政府投资预算减少了 9.6 亿元。

（2）专业化管理方式降低全寿命周期成本。社会资本方负责项目运作将使其有更大动力降低成本提高自身收益水平，克服政府提供方式下预算体制缺陷导致的成本管理问题，项目全寿命周期成本整体得到降低。由于莘庄工业区燃气三联供项目的发起方式是民间自提，项目前期工作中有中国华电集团有限公司的充分参与，使得项目的技术水平提高，经济可行性加大，前期工作时间缩短，前期费用减少。后续的建设运营阶段，项目公司在保证产出达标的情况下，会尽可能降低成本以提高收益，使得项目的全寿命周期成本控制在相对较低的水平。

（3）多主体收益提高项目综合效益。对于项目公司，在机组年利用小时 5500h、天然气价格 2.3 元/m³、上网电价 755.68 元/MWh 的条件下，将为项目公司带来较高的财务效益，预期盈利能力良好。

对于国家和地方政府，该项目自身良好的外部经济效益将为工业区发展、区域经济建设和市政建设做出显著贡献，一方面是政府税收增加，预计平均每年上缴企业所得税约 1238 万元，上缴增值税 3287 万元，上缴城市维护建设税和教育附加费约 294 万元，从而增加国家财政和地方财政税收额约为 4919 万元/年；另一方面，该项目的建设将使莘庄工业区具备更强的供热（冷）能力，除了满足当地用气和采暖（制冷）的需求外，电厂每年（按照正常年份估算）将向社会提供电力 556GWh、热力 116 万 GJ，增加的电力、热力供应使社会生产潜能得以释放，为当地经济的蓬勃发展提供强有力的热力和电力支持，产生了较好的经济效益。

对于社会而言，燃气三联供项目在降低碳和污染空气的排放物方面具有较好的表现，改造项目建成后，将不再向空气中排放烟尘，大大降低二氧化碳和氮氧化物排放量，从而改善该区域空气污染现状，提高当地空气质量。莘庄燃气三联供项目一期工程将取代莘庄工业区内的小容量燃煤热电机组和小锅炉，一期小锅炉总蒸发量达 186.5t/h，可减少年燃煤量 41850t/a、二氧化碳排放量约 325235t/a、二氧化硫排放量约 250t/a、烟尘排放量约 4160t/a。

该项目的成功运作将对我国其他地区发展分布式能源，促进区域经济可持续发展产生良好的示范效应，并有利于鼓励创新、发展和应用新能源新技术。

7.5 东京电力公司综合能源服务发展实践

7.5.1 发展背景

东京电力公司（简称东京电力）成立于 1951 年，是日本最大的电力企业。在相关能源政策、市场和改革等多方面因素共同推动下，东京电力加快向综合能源服务商转型。

东京电力 2012 年启动向综合能源服务商的战略转型，在做大做强传统能源服务的基础上，超前谋划，广泛布局，争做市场、技术的引领者，成为国际先进综合能源服务企业的典型代表。初期，东京电力通过旗下客户服务公司，与日本其他能源企业联合开展综合能源服务业务，主要提供电力和燃气的一站式服务以及其他能源解决方案。2016 年日本全面放开电力零售市场后，东京电力顺势进行业务重组，确立综合能源服务商的战略定位，成立专业公司，力求提供多种电力能源产品及新型能源服务，努力成为综合能源服务行业的引领者。

7.5.2 技术方案

1. 打造"四位一体"支撑平台

从单一服务向综合服务转变，东京电力以满足客户综合服务需求为导向，构建集输配电平台、基础设施平台、能源平台、数据平台于一体的信息系统，全力支撑其综合能源服务业务发展。

（1）输配电平台是传统电力系统的升级，既能接纳大规模发电，也能高效吸纳分布式可再生能源，还能协调发电侧与用户侧，实现供需高效平衡，是最核心的基础平台。

（2）基础设施平台以输配电平台为依托，以"就近消纳、就地平衡"为原则，融合分布式能源、供热供水系统、电气化住宅、电气化交通网络等基础设施，形成区域性综合能源服务系统，实现输配电设施与其他基础设施的信息互动。

（3）能源平台融合电力、燃气、热电联产、氢能、蓄电池、基于电动汽车的移动储能等多种能源设施，实现多能互补、合理共享，是以电为中心的输配电平台在其他能源领域的延伸。

（4）数据平台是渗透各个平台的神经中枢，通过收集、分析各平台、设备、客户的信息，为平台、设备、客户间的深度融合与紧密互动提供有效保障，为综合能源服务业务顺利开展提供强大的数据支撑。

2. 细分客户需求，实施差异化、个性化的营销策略

（1）按客户需求分为节能、减排、高可靠性、减少初期投资成本四类。节能需求方面，为客户提供涵盖电力、燃气、供暖的最佳能源供应组合方案，提供多种电价方案和电气设备方案的优化组合，帮助客户改进设备及生产流程。减排需求方面，推出一项名为"水溢价"的服务，其中电力完全由水力发电厂提供，获取的利润用于节能设备改造及水源维护。高可靠性需求方面，提供包括可再生能源发电、通信、供暖、供水在内的建筑设计、施工、维护等全方位服务，提升企业用电可靠性及能源运维管理水平。减少初期投资成本方面，主推"能源服务提供者"服务，客户可获得电力、燃气供应及电气化热泵、变电设备等高能效设备及其运维服务，客户初始投资为零，费用将以服务费的形式摊销到设备的全寿命周期。

（2）将用户分为大客户和居民客户两类。针对大客户，服务内容包括：为客户提供各种电价方案和电气设备方案的优化组合；向客户提供电力、燃气、燃油最佳能源组合方案；提供全方位的节能协助服务，帮助客户改进设备，实现节能目标；兼顾包括通信在内的建筑物设备设计、施工、维护等全方位设计服务。

针对居民客户，提供"电气化住宅＋个性化价格套餐＋增值服务"方案，满足其舒适、环保、安全、经济的用能需求。电气化住宅，即面向新建、改建住宅提供节能诊断以及产能、节能、储能相关设备安装、售后等服务，并大力推广电炊具、节能热水器等高效电气产品构成的全电气化住宅；个性化价格套餐，即向客户推荐具有市场竞争力的电力、燃气组合价格方案，并推出节能咨询、智能家居租赁等套餐服务；增值服务，即以客户用电信息为资源，开展模式识别、特征提取、行为分析等大数据分析，建立客户行为档案，提供精准服务。

3. 顺应商业生态发展趋势，广泛开展产业链上下游战略合作

为快速补齐综合能源服务业务短板和能源消费侧技术短板，东京电力主动打破传统电力行业垄断经营模式，通过跨界合作的方式共同开拓综合能源服务市场。如在推广住宅节能咨询、智能家居改造等新的商业模式过程中，东京电力与日本 EPCO 株式会社（业务领域涵盖住宅设计）、日本 SONY 公司（主营业为电子电器等）开展战略合作，虽然减少了自身售电量及客户数量，但在住宅节能与智能家居领域快速建立起竞争优势。

东京电力积极联合设计、电子电器、信息技术、汽车、通信、保险等行业的服务商，采用"个性化电费方案＋企业联盟营销＋客户需求响应＋增值服务扩展"的营销策略，推出了用能监控、节能降耗、智慧家庭、电动汽车充电、精准广告投递等套餐服务，全方位满足客户需求。

7.6 美国 OPower 能源管理公司

美国 OPower 能源管理公司通过自主开发的软件，对公用事业企业的能源数据及其他各类第三方数据进行深入分析和挖掘，进而为用户提供一整套适合于其生活方式的节能建议。截至 2015 年 10 月，已累计帮助用户节省了 82.1 亿 kWh 的电力，节省电费 10.3 亿美元，减排二氧化碳 121.1 亿 lb（1lb＝0.4536kg），随着用户规模逐渐增大，这些数据均以加速度在

增长。美国 Opower 能源管理公司的实践是大数据应用的典型案例。

7.6.1 云数据平台

美国 Opower 能源管理公司的云数据平台在集成数据仓库、数据聚合系统等通用系统基础上，开发了数据分析引擎、自动化引擎和传递引擎三个引擎。其中数据分析引擎包括用户观点调研分析、用户数据分析和电力公司视角的数据分析；自动化引擎包括内容管理、用户分类和目标管理；传递引擎包括外送通道、互联网、移动互联网和 CSR 接口。

（1）用户数据仓库。将电力公司用户数据、用户交互数据、运行数据和第三方数据进行集中存储。数据仓库应用 Hadoop 和 HBase，为电力公司统一展示用户属性、行为和趋势。该数据仓库现储存着超过 7000 万用户的数据和每年超过 4000 亿条的电能表数据，可通过美国 Opower 能源管理公司的用户智能系统进行数据查询。

（2）数据聚合系统。将海量和分散的数据集导入同一系统中，该平台将来自电力公司的用户系统、电能表数据管理系统、客户关系管理系统和第三方数据源的数据接入数据聚合系统中，既包含了结构化数据也包含非结构化数据。这些数据将根据基于历史数据建立的规则进行检验和清洗。

（3）数据分析引擎。美国 Opower 能源管理公司的数据分析引擎基于多源数据进行高速计算，可对用户、电能表数据和负荷特性等进行分类识别，对用户电费账单进行预测，对电能表特性进行分析。该计算分析具有大数据特性，计算结果可被优化和精细化，因为计算分析中以已经获取的全球范围的大规模、多类型用户数据和电能表数据作为计算基础。

（4）自动化引擎。自动化引擎和数据分析引擎相结合，可对用户进行实时分类，针对每个用户分析出其个性、心理和行为特点。

（5）传递引擎。传递引擎可在短时间内外传百万条信息给电力公司或用户。传递引擎可协调所有信息传送渠道，包括电子邮件、邮政邮递、互动式语音应答、网络上传、移动通信终端和 CSR 接口。传送后的反馈信息可以自动返回到自动化引擎和数据分析引擎中，以便动态分析内容以及传送方式。

7.6.2 能源服务方案

（1）提供个性化的账单服务，清晰显示电量情况。美国 OPower 能源管理公司利用云平台，结合大数据和行为科学分析，对电力账单的功能进一步拓展。一方面，针对用户家中供冷、供暖、基础负荷、其他各类用能等用电情况进行分类列示，通过柱状图实现电量信息当月与前期对比，用电信息一目了然；另一方面，提供相近区域用户耗能横向比较，对比相近区域内最节能的 20% 用户耗能数据，即开展邻里能耗比较。此外，美国 OPower 能源管理公司的账单改变了普通账单单调、刻板的风格，在与用户沟通界面上印上"笑脸"或"愁容"图标，对于有效节能的行为给予鼓励。其与用户沟通的方式也十分丰富，从传统的纸质邮件到短消息、电子邮件、在线平台等，加强与用户的交流反馈。

（2）基于大数据与云平台，提供节能方案。美国 OPower 能源管理公司基于可扩展的 Hadoop 大数据分析平台搭建其家庭能耗数据分析平台，通过云计算技术，实现对用户各类用电及相关信息的分析，建立每个家庭的能耗档案，并在与用户邻里比较的基础上，形成用户个性化节能建议。这种邻里能耗比较，充分借鉴了行为科学相关理论，将电力账单引入社交元素，与"微信运动"的模式类似，为用户提供了直观、冲击感较强的节能动力。

（3）构建各方共赢的商业模式。虽然美国 OPower 能源管理公司的目标是为用户节电，但其自我定位是一家"公用事业云计算软件提供商"，其运营模式并不是 B2C 模式（企业对终端消费者），而是 B2B 模式（企业对企业）。电力企业选择美国 OPower 能源管理公司，购买相关软件，并免费提供用户使用。美国 OPower 能源管理公司为用户提供个性化节能建议，同时也为公用电力企业提供需求侧数据，帮助电力企业分析用户电力消费行为，为电力企业改善营销服务提供决策依据等。

美国 OPower 能源管理公司的应运而生在于为电力企业、用户之间搭建了符合多方利益诉求的平台。其对能源大数据的深度挖掘、提供的个性化账单服务、基于云计算的家庭能耗节能建议，以及注重与用户的沟通反馈等做法，对"能源互联网＋大数据＋云计算"时代的售电公司服务拓展具有一定借鉴意义。

7.7　德国 RegModHarz 虚拟电厂示范项目

7.7.1　项目概况

2008 年，德国联邦经济和技术部启动了"E-Energy"计划，目标是建立一个能基本实现自我调控的智能化的电力系统，该计划是德国"绿色 IT 先锋行动"计划的组成部分。"E-Energy"行动计划共投资 1.4 亿欧元，主要投资于智能发电、智能电网、智能储能和智能用电四个方面。基于智能电网不同的核心要素，德国联邦经济和技术部根据不同的技术特点，通过开展 6 个试点项目来验证各技术的优缺点和技术应用，下面以 RegModHarz 可再生能源示范项目（简称 RegModHarz 项目）为例进行介绍。

RegModHarz 项目位于德国中北部的哈茨山脉，是将新能源最大化利用的典型案例。其最大特点是将分散的新能源发电设备进行虚拟集合，采用智能调配的技术，实现新能源发电设备的最大化利用，即虚拟电厂（virtual power plant，VPP）。

7.7.2　项目实施

RegModHarz 项目的基本物理结构包括 2 个光伏电站、2 个风电场和 1 个生物质发电厂，总发电能力为 86MW，通过日前市场和日内盘中市场的电价及备用市场情况进行预测，并安排生产计划。RegModHarz 项目的主要目标是对分散的风力发电、光伏发电、生物质发电等可再生能源发电设备与抽水蓄能电站进行协调和优化调度，使可再生能源联合循环利用达到最优。其核心示范内容是在用电侧整合储能设施、电动汽车、可再生能源和智能家用电器的虚拟电站，包含诸多更贴近现实生活的能源需求元素。

与传统大型发电厂不同的是，该虚拟电厂与分布式电源进行通信连接，而新能源系统由于受限于自然条件等因素，数据变化较快，因此，安全、高效、稳定的数据采集、传输、分析技术非常关键。在 RegModHarz 项目的建设过程中，制定统一的数据传输标准，使该虚拟电厂对于数据变化能够快速做出准确的反馈。在考虑发电端的同时，该项目同样关注用电侧的反应，在哈茨地区的示范项目中，家庭用户安装能源管理系统（称为双向能源管理系统，简称 BEMI）。以上多方面的措施和技术应用可有效保障项目的顺利运行。

（1）建立双向能源管理工具（Bi-directional Energy Management Instrument，BEMI）系统。安装在用户侧的能源管理系统每 15min 储存用户用电数据，记录用户每天的用电习惯，并将这些数据通过网络传输到虚拟电厂的数据库中。同时，BEMI 系统还可通过无线控制开关的插座，当电价发生变动时，可通过无线控制来调控用电时间和用电量。

（2）关键节点监测系统。配电网中安装了 10 个电源管理单元，用于监测关键节点的电压和频率等运行指标，定位电网的薄弱环节。

（3）推行动态电价制度。此外，该项目还采用动态电价，并设置 9 个登记的奖惩制度。零售商将电价信息传送到市场交易平台，用户可以知晓某个时刻的电价等级及电力来源，通过价格的引导，可以让对电价敏感的用户根据电价的高低调整用电时段，逐步培养用户良好的用电习惯。

（4）软件平台 OGEMA。开发设计了基于 Java 的开源软件平台 OGEMA，对外接的电气设备实行标准化的数据结构和设备服务，可独立于生产商支持建筑自动化和能效管理，能实现负荷设备在信息传输方面的即插即用。

7.7.3　项目成果

（1）丰富市场交易。该虚拟电厂直接参与电力交易，丰富了配电网系统的调节控制手段，为分布式能源系统参与市场调节提供参考。

（2）促进清洁能源消纳。基于哈茨地区的水电和储能设备调节，很好地平抑了风机、光伏等功率输出的波动性和不稳定性，有效论证了对于可再生能源较为丰富的地区，在区域电力市场范围内实现 100％的清洁能源供能是完全可能实现的。

RegModHarz 项目使新能源系统与传统的发电系统及储能系统等进行有效整合，通过一个控制中心实现管理，从而有机地参与电网运行。其实际能效和经济效益均高于单独运行的电源，同时虚拟电厂也是一种有效的响应需求侧手段。通过在用电侧安装一些装置如智能电能表，设计出符合客户特定用能需要并具有经济性的电源组合，从而使得供需在发电和用电两侧达到平衡。

此外，在示范区，随着民众对于可再生能源认同感的增强，虚拟电厂作为协调方，协调发电端、零售商和用户端间的交易。在德国，越来越多的公司开始进入虚拟电厂领域。除了西门子股份公司、罗伯特·博世有限公司等联合传统电力巨头想在虚拟电厂领域占得头筹，更多的中小型企业也看中了虚拟电厂未来的发展前景，业务涉及能效管理、节能合约、充电设施服务等。

参 考 文 献

[1] 曾鸣. 构建综合能源系统 [N]. 人民日报, 2018-4-9 (07).

[2] 曾鸣. 利用能源互联网推动能源革命 [N]. 人民日报, 2016-12-5 (07).

[3] 曾鸣. "一带一路" 下的能源互联网 [J]. 中国电力企业管理, 2017 (22): 60-63.

[4] 曾鸣. 能源互联网背景下分布式能源未来发展关键支撑技术 [J]. 电气时代, 2018 (01): 36-37.

[5] 李天骄. 优化资源和能源结构的路径选择 [N]. 山西日报, 2019-07-22 (011).

[6] 张占斌. 中国经济新常态的趋势性特征及政策取向 [J]. 国家行政学院学报, 2015 (01): 15-20.

[7] 李栋华, 耿世奇, 郑建. 能源互联网形势下的电力大数据发展趋势 [J]. 现代电力, 2015, 32 (05): 10-14.

[8] 李航, 陈后金. 物联网的关键技术及其应用前景 [J]. 中国科技论坛, 2011 (01): 81-85.

[9] 赵国锋, 陈婧, 韩远兵, 等. 5G 移动通信网络关键技术综述 [J]. 重庆邮电大学学报 (自然科学版), 2015, 27 (04): 441-452.

[10] 马丽梅, 刘生龙, 张晓. 能源结构、交通模式与雾霾污染——基于空间计量模型的研究 [J]. 财贸经济, 2016, 37 (01): 147-160.

[11] 林伯强, 李江龙. 基于随机动态递归的中国可再生能源政策量化评价 [J]. 经济研究, 2014, 49 (04): 89-103.

[12] 马杰. 促进我国清洁能源发展的财税政策研究 [D]. 中国地质大学 (北京), 2015.

[13] 马红丽, 段永利. 能源管理平台: 开启能源运营管理新模式 [J]. 中国信息界, 2016 (02): 36-37.

[14] 沈镭, 刘立涛, 王礼茂, 等. 2050 年中国能源消费的情景预测 [J]. 自然资源学报, 2015, 30 (03): 361-373.

[15] 杜祥琬, 杨波, 刘晓龙, 等. 中国经济发展与能源消费及碳排放解耦分析 [J]. 中国人口·资源与环境, 2015, 25 (12): 1-7.

[16] 付文锋, 李嘉华, 王蓝婧, 等. 基于动态自适应粒子群算法的二次再热燃煤-捕碳机组热力系统优化设计 [J]. 中国电机工程学报, 2017, 37 (09): 2652-2660.

[17] 罗淑湘, 赵鹏, 牛彦涛, 等. 基于 GIS 的区域可再生能源供热/热水网络规划模型研究 [J]. 建筑技术, 2017, 48 (07): 693-695.

[18] CORREA-POSADA C M, SANCHEZ-MARTIN P. Integrated power and natural gas model for energy adequacy in short-term operation [J]. IEEE Transactions on Power Systems, 2015, 30 (6): 3347-3355.

[19] 王雷, 赵鹏君, 侯坤. 天然气集输管网系统优化建设 [J]. 石化技术, 2017, 24 (06): 281.

[20] 任娜, 王雅倩, 徐宗磊, 等. 多能流分布式综合能源系统容量匹配优化与调度研究 [J]. 电网技术, 2018, 42 (11): 3504-3512.

[21] WANG Y, WANG Y, YANG J, et al. Operation optimization of regional integrated energy system based on the modeling of electricity-thermal-natural gas network [J]. Applied Energy, 2019, 251 (1).

[22] 王蕾, 李娜, 曾鸣. 基于动态规划的微网储能系统经济运行决策模型研究 [J]. 中国电力, 2013, 46 (08): 40-42+47.

[23] 焦系泽, 阳小丹, 李扬. 基于改进型动态规划的家庭综合能源优化研究 [C]. 北京: 中国高等学校电力系统及其自动化专业第 30 届学术年会, 2014.

［24］ 张旭. 基于区域供能的多能源系统模型研究分析［D］. 上海交通大学，2015.

［25］ LEE T Y, CHEN C L. Wind-photovoltaic capacity coordination for a time-of-use rate industrial user［J］. IET Renewable Power Generation, 2009, 3 (2): 152-167.

［26］ ORHAN EKREN, BANU Y, EKREN. Size optimization of a PV/wind hybrid energy conversion system with battery storage using simulated annealing［J］. Applied Energy, 2009, 87 (2).

［27］ ARUN P, BANERJEE R, BANDYOPADHYAY S. Optimum sizing of photovoltaic battery systems incorporating uncertainty through design space approach［J］. Solar Energy, 2009, 83 (7): 1013-1025.

［28］ 郑东昕. 不确定性优化方法在福建省能源系统规划中的应用［D］. 华北电力大学，2016.

［29］ 顾伟，陆帅，王珺，等. 多区域综合能源系统热网建模及系统运行优化［J］. 中国电机工程学报，2017, 37 (05): 1305-1316.

［30］ 曾鸣，韩旭，李源非，等. 基于 Tent 映射混沌优化 NSGA-Ⅱ算法的综合能源系统多目标协同优化运行［J］. 电力自动化设备，2017, 37 (06): 220-228.

［31］ 贾宏杰，戚冯宇，徐宪东，等. 微型燃气轮机型综合能源系统的建模与辨识［J］. 天津大学学报（自然科学与工程技术版），2017, 50 (2): 215-223.

［32］ 杨家豪. 区域综合能源系统冷-热-电-气概率多能流计算［J］. 电网技术，2019, 43 (1): 74-82.

［33］ 李更丰，别朝红，王睿豪，等. 综合能源系统可靠性评估的研究现状及展望［J］. 高电压技术，2017, 43 (1): 114-121.

［34］ WANG Y, HUANG Y, WANG Y, et al. Energy management for smart multi-energy complementary micro-grid in the presence of demand response［J］. Energies, 2018, 11 (4).

［35］ 鞠平，周孝信，陈维江，等. "智能电网＋"研究综述［J］. 电力自动化设备，2018, 38 (5): 2-11.

［36］ 梁云，黄莉，胡紫巍，等. 面向未来智能配用电的信息物理系统：技术、展望与挑战［J］. 供用电，2018 (3): 2-9.

［37］ 王健，程春田，申建建，等. 水电站群优化调度非线性全局优化方法［J］. 中国电机工程学报，2018, 38 (17).

［38］ 李红伟，林山峰，吴华兵，等. 基于动态规划算法的配电网孤岛划分策略［J］. 电力自动化设备，2017, 37 (1): 47-52.

［39］ 王艳松，宋阳阳，吴昊，等. 基于禁忌搜索算法的微电网源/荷安全经济调度［J］. 电力系统保护与控制，2017, 45 (20): 21-27.

［40］ WANG Y, HUANG Y, WANG Y, et al. Optimal scheduling of the RIES considering time-based demand response programs with energy price［J］. Energy, 2018, 164: 773-793.

［41］ NIU D, WANG Y, WU D D. Power load forecasting using support vector machine and ant colony optimization［J］. Expert Systems with Applications, 2010, 37 (3): 2531-2539.

［42］ WANG Y, WANG X, YU H, et al. Optimal design of integrated energy system considering economics, autonomy and carbon emissions［J］. Journal of Cleaner Production, 2019, 225 (10): 563-578.

［43］ 蒋超凡，艾欣. 面向工业园区的综合能源系统协同规划方法研究综述［J］. 全球能源互联网，2019, 2 (03): 255-265.

［44］ 程浩忠，胡枭，王莉，等. 区域综合能源系统规划研究综述［J］. 电力系统自动化，2019, 43 (07): 2-13.

［45］ WANG Y, YU H, YONG M, et al. Optimal scheduling of integrated energy systems with combined heat and power generation, photovoltaic and energy storage considering battery lifetime loss［J］. Energies, 2018, 11 (7).

［46］ 刘涤尘，马恒瑞，王波，等. 含冷热电联供及储能的区域综合能源系统运行优化［J］. 电力系统自动

化，2018，42（4）：113-120.

[47] 施锦月，许健，曾博，等. 基于热电比可调模式的区域综合能源系统双层优化运行［J］. 电网技术，2016，40（10）：2959-2966.

[48] WANG Y, HUANG Y, WANG Y, et al. Planning and operation method of the regional integrated energy system considering economy and environment ［J］. Energy, 2019, 171 (15): 731-750.

[49] 陈艳波，郑顺林，杨宁，等. 基于加权最小绝对值的电-气综合能源系统抗差状态估计［J］. 电力系统自动化，2019，43（13）：61-74.

[50] 刘凡，别朝红，刘诗雨，等. 能源互联网市场体系设计、交易机制和关键问题［J］. 电力系统自动化，2018，42（13）：108-117.

[51] 曹琛. 我国天然气定价机制研究［D］. 中国石油大学，2007.

[52] 郝晓云. 我国天然气定价机制的研究［D］. 中央民族大学，2017.

[53] 胡奥林. 国外天然气价格与定价机制［J］. 国际石油经济，2002（04）：40-45＋64.

[54] 王左权，曹学泸. 完善电力市场交易价格机制及其监管的思考［J］. 价格理论与实践，2018（04）：26-29.

[55] 宋轩，李玉英. 国外电力市场改革进程对中国的启示［J］. 节能与环保，2017（09）：60-63.

[56] 刘贞. 基于市场交易的电能与环境协调激励电价机制设计［D］. 重庆大学，2008.

[57] 周定贵. 水电厂的市场竞争策略［D］. 贵州大学，2006.

[58] 艾江鸿. 考虑网损的发电商垄断行为及其规制竞价机制研究［D］. 重庆大学，2011.

[59] 许荣. 撮合交易机制下的交易理论及阻塞管理研究［D］. 上海交通大学，2008.

[60] 霍沫霖，何胜. 电力市场化改革对需求响应的影响［J］. 供用电，2017，34（03）：16-20＋15.

[61] 丁心海. 电力市场竞价交易结算价格机制研究［J］. 华中电力，2005（01）：21-24＋36.

[62] 刘舒. 城市公用事业中供热行业政府监管体系研究［D］. 吉林大学，2014.

[63] 史连军，邵平，张显，等. 新一代电力市场交易平台架构探讨［J］. 电力系统自动化，2017，41（24）：67-76.

[64] 周明，严宇，丁琪，等. 国外典型电力市场交易结算机制及对中国的启示［J］. 电力系统自动化，2017，41（20）：1-8＋150.

[65] 成菲，舒兵，秦园，等. 国外天然气利用趋势及其启示与建议［J］. 天然气技术与经济，2017，11（02）：67-73＋84.

[66] 单卫国. 未来中国天然气市场发展方向［J］. 国际石油经济，2016，24（02）：59-62.

[67] 高兴佑. 我国天然气价格形成机制及改革路径［J］. 价格月刊，2016（01）：1-5.

[68] 王倩雅. 我国天然气定价机制改革研究及政策建议［J］. 价格月刊，2015（02）：18-21.

[69] 袁健. 国外电力市场结构模式比较与借鉴［D］. 山东大学，2014.

[70] 胡奥林. 如何构建中国天然气交易市场［J］. 天然气工业，2014，34（09）：11-16.

[71] 马莉，范孟华，郭磊，等. 国外电力市场最新发展动向及其启示［J］. 电力系统自动化，2014，38（13）：1-9.

[72] 胡润青. 丹麦太阳能区域供热市场和发展动力［J］. 太阳能，2014（05）：10-16.

[73] 于德森. 我国供热行业特性与政府规制研究［D］. 武汉理工大学，2012.

[74] 华栋. 电力市场交易机制的实验研究［D］. 华南理工大学，2012.

[75] 刘冰. 我国供热产业市场化研究［D］. 河南大学，2012.

[76] 周建双，王建良. 国外天然气定价与监管模式比较［J］. 中国物价，2010（11）：60-63.

[77] 曾鸣，舒彤，李冉，等. 能源互联网背景下可交易能源实施的关键问题及展望［J］. 电力建设，2018，39（02）：1-9.

[78] 陈启鑫，王克道，陈思捷，等. 面向分布式主体的可交易能源系统：体系架构、机制设计与关键技

术 [J]. 电力系统自动化，2018，42 (03)：1-7＋31.

[79] 王蓓蓓，李雅超，赵盛楠，等. 基于区块链的分布式能源交易关键技术 [J]. 电力系统自动化，2019，43 (14)：53-64.

[80] 李彬，覃秋悦，祁兵，等. 基于区块链的分布式能源交易方案设计综述 [J]. 电网技术，2019，43 (03)：961-972.

[81] 武赓，曾博，李冉，等. 区块链技术在综合需求侧响应资源交易中的应用模式研究 [J]. 中国电机工程学报，2017，37 (13)：3717-3728.

[82] 曾鸣，刘英新，周鹏程，等. 综合能源系统建模及效益评价体系综述与展望 [J]. 电网技术，2018，42 (06)：1697-1708.

[83] 王含，郑新，张金龙. 储能式地热能综合能源系统效益分析 [J]. 建筑节能，2019，47 (03)：60-64＋80

[84] 张世翔，吕帅康. 面向园区微电网的综合能源系统评价方法 [J]. 电网技术，2018，42 (08)：2431-2439.

[85] 金艳鸣，谭雪，焦冰琪，等. 基于可计算一般均衡模型的全球能源互联网经济社会效益分析 [J]. 智慧电力，2018，46 (05)：1-7.

[86] 李森. 分布式能源系统 3E 效益综合评价研究 [D]. 大连理工大学，2015.

[87] 贾宏杰，穆云飞，余晓丹. 对我国综合能源系统发展的思考 [J]. 电力建设，2015，36 (01)：16-25.

[88] 徐莉，张轶斐，张斌，等. 基于混合型的多属性群决策法的综合能源系统效益评价研究 [J]. 工业技术经济，2014，33 (03)：52-57.

[89] 韩中合，祁超，向鹏，等. 分布式能源系统效益分析及综合评价 [J]. 热力发电，2018，47 (02)：31-36.

[90] 田英男. 分布式冷热电能源系统优化设计及多指标综合评价方法的研究 [J]. 经贸实践，2018，(19)：275.

[91] 王旭东. 冷热电三联供分布式能源综合效益分析 [D]. 华北电力大学，2014.

[92] 杜琳，孙亮，陈厚合. 计及电转气规划的综合能源系统运行多指标评价 [J]. 电力自动化设备，2017，37 (06)：110-116.

[93] 白树伟，甘中学. 分布式能源系统综合评价方法及评价指标体系 [J]. 煤气与热力，2016，36 (01)：39-44.

[94] 白牧可，唐巍，吴邦旭. 用户侧综合能源系统评估指标体系及其应用 [J]. 分布式能源，2018，3 (04)：41-46.

[95] 郑欣妍. 天然气分布式能源环境效益评估研究 [D]. 中国石油大学（北京），2017.

[96] 邓明辉. 电力需求侧响应的综合能源系统调度方法及其供能综合评价指标研究 [D]. 长沙理工大学，2018.

[97] 张璐，张斌. 基于正态分布区间数的综合能源系统效益评价研究 [J]. 南方能源建设，2015，2 (02)：41-45.

[98] 王丽芳，赫运涛. 我国科技基础条件资源区域发展评价研究 [J]. 科技和产业，2019，19 (04)：8-15＋21.

[99] 刘旭娜，魏俊，张文涛，等. 基于信息熵和模糊分析法的配电网投资效益评估及决策 [J]. 电力系统保护与控制，2019，47 (12)：48-56.

[100] 覃杰. 电力市场环境下的电网调度评价体系研究 [D]. 南京邮电大学，2018.

[101] 周燕宁，郭凤香. 基于层次分析法-熵权法的常规公交系统可持续发展评价 [J]. 科学技术与工程，2019，19 (19)：288-294.

[102] 张立军，袁能文. 线性综合评价模型中指标标准化方法的比较与选择 [J]. 统计与信息论坛，2010，25 (08)：10-15.

[103] 傅春光. 基于灰色层次分析法的电网建设项目风险评价研究 [D]. 华北电力大学，2011.

[104] 刘孟俊，时林超. 基于变异系数赋权和灰色关联分析的煤矿综合安全评价 [J]. 山东工业技术，

2019，（17）：78-79.

[105] 阎小妍，孟虹，汤明新. 综合评价中不同赋权方法的比较探讨 [J]. 中国卫生质量管理，2006
（04）：58-60.

[106] 王珊珊. 基于 AHP-熵权 TOPSIS 法的津期店二泵站水泵优化选型 [J]. 水利水电技术，2019，50
（07）：92-98.

[107] 吕丽霞，齐秋妍. 基于 TOPSIS 法的可再生能源发电绩效评价 [J]. 仪器仪表用户，2019，26
（05）：97-100.

[108] 陈柏森，廖清芬，刘涤尘，等. 区域综合能源系统的综合评估指标与方法 [J]. 电力系统自动化，
2018，42（04）：174-182.

[109] 丁宁. 零售竞争模式下的用电客户黏度评价 [D]. 华北电力大学，2015.

[110] 何永秀，等. 电力综合评价方法及应用 [M]. 北京：中国电力出版社，2011.

[111] 牛东晓，李金超. 电力能源综合评价理论 [M]. 北京：中国电力出版社，2015.

[112] 冯升波，周伏秋，王娟. 打造大数据引擎推进能源经济高质量发展 [J]. 宏观经济管理，2018
（09）：21-27.

[113] 武志宏，郑永义，杨子成. 关于综合能源服务业务的开展研究 [J]. 山西电力，2018（02）：58-61.

[114] 李娜，刘喜梅，白恺，等. 梯次利用电池储能电站经济性评估方法研究 [J]. 可再生能源，2017，
35（06）：926-932.

[115] 王玙. 独立电池储能电站应用于新能源发电领域探讨 [J]. 储能科学与技术，2016，5（05）：775-778.

[116] 李颖，李凡，刘峰，等. 转型发展地区的智能电网建设方案研究 [J]. 电力设备管理，2019（04）：
28-30+35.

[117] 王宇坤，林其友. 智能电网规划指标体系构建的量化分析 [J]. 电气应用，2019，38（05）：73-80.

[118] 徐兵，杨宇峰. 区域能源互联网构架下的综合能源服务 [J]. 机电信息，2019（17）：171-172.

[119] 王彬彬. 新电改下电网企业成本精益化管理策略分析 [J]. 经贸实践，2016（16）：125.

[120] 李琰琰. 我国节能产业发展现状和发展趋势分析 [J]. 中国工程咨询，2018（08）：81-84.

[121] 国网江苏省电力有限公司，中国能源建设集团江苏省电力设计院有限公司. 苏州同里新能源小镇智
能配网工程规划设计方案 [R]. 苏州：2017.

[122] 国网天津市电力公司电力科学研究院，国网天津节能服务有限公司. 综合能源服务技术与商业模式
[M]. 北京：中国电力出版社，2018.

[123] 纪明，苏靖宇，徐舜华，等. 大型综合园区建设项目管理——国家电网客户服务中心北方园区项目
管理实践 [J]. 项目管理技术，2016（11）：9-12.

[124] 封红丽. 国内外综合能源服务发展现状及商业模式研究 [J]. 电器工业，2017（6）：39-47.

[125] 封红丽. 国内综合能源服务发展现状调研及发展建议 [J]. 电器工业，2019（2）：27-36.

[126] 彭克，张聪，徐丙垠，等. 多能协同综合能源系统示范工程现状与展望 [J]. 电力自动化设备，
2017（6）.

[127] 买亚宗. 国外综合能源服务的发展实践与启示 [N]. 国家电网报，2019-01-08（005）.

索 引

B

变异系数法 ··· 95

冰蓄冷系统 ··· 14

并网不上网 ··· 36

并网上网 ··· 36

不确定性指标 ··· 85

C

长期合约交易 ··· 48

场外交易 ··· 48

城市门站价 ··· 49

储能商 ··· 61

储能系统 ··· 15

D

地热能 ··· 22

电锅炉 ··· 14

电力市场主体 ··· 52

电网交互约束 ··· 39

电转气 ··· 7

动态规划 ··· 18

多能互补 ·· 13，43

多能耦合 ··· 43

F

非对称加密 ··· 70

非合作主从博弈模型 ··· 73

风能 ··· 22

辅助服务 ·· 52，53

辅助服务商品 ··· 45

负荷预测 ·· 123

G

工作量证明 ··· 69

供能网运营商 ……………………………………………………… 61
管道越限概率 ……………………………………………………… 89
管网热损失率 ……………………………………………………… 89

H

合作联盟 …………………………………………………………… 74
缓建效益能力 ……………………………………………………… 91
混合运行模式 ……………………………………………………… 37

J

基本能源商品 ……………………………………………………… 45
交易所交易 ………………………………………………………… 48
交易信息 …………………………………………………………… 68
金融输电权 ………………………………………………………… 51
金融衍生商品 ……………………………………………………… 45
禁忌搜索 …………………………………………………………… 18
井口价 ……………………………………………………………… 48
竞争均衡价格 ……………………………………………………… 67

K

客观赋权法 ………………………………………………………… 95

L

冷热电三联供系统 ……………………………………………… 13, 16
离网 ………………………………………………………………… 36
粒子群算法 ………………………………………………………… 19
连续双边拍卖 ……………………………………………………… 67
联盟的核 …………………………………………………………… 74

M

模糊综合评价法 …………………………………………………… 97
目标最优模式 ……………………………………………………… 37

N

纳什议价解 ………………………………………………………… 75
能效诊断 …………………………………………………………… 115
能源监测 …………………………………………………………… 107
能源经济性水平 …………………………………………………… 88
能源输送网络 ……………………………………………………… 11

能源转换效率系数 …………………………………………… 90

能源转换子系统 ……………………………………………… 11

O

OTC 交易 …………………………………………………… 48

P

平均故障停电时间 …………………………………………… 89

Q

切负荷概率 …………………………………………………… 89

清洁能源供能占比 …………………………………………… 90

区块链 ………………………………………………… 63，69

全寿命周期内总成本 ………………………………………… 29

R

热泵 …………………………………………………………… 15

S

熵权法 ………………………………………………………… 96

设备利用率 …………………………………………………… 88

设备无故障率 ………………………………………………… 89

生产型消费者 ………………………………………………… 61

市场电能 ……………………………………………………… 53

市场运营平台 ………………………………………………… 61

售能商 ………………………………………………………… 61

输配电价 ……………………………………………………… 52

T

碳交易 ………………………………………………………… 107

W

外部能源供应子系统 ………………………………………… 11

网损率 ………………………………………………………… 88

物联网 ………………………………………………………… 2

X

系统平均故障停电时间 ……………………………………… 89

系统设备投资费用 …………………………………………… 88

系统运行费用 ……………………………………………………… 88

线路越限概率 ……………………………………………………… 89

信息物理系统 ……………………………………………………… 12

需求侧管理 ………………………………………………………… 91

Y

遗传算法 …………………………………………………………… 19

以电定热 …………………………………………………………… 36

以热定电 …………………………………………………………… 36

用户端能源质量 …………………………………………………… 91

用户舒适度 ………………………………………………………… 91

用户终端子系统 …………………………………………………… 11

运行优化建模 ……………………………………………………… 38

Z

增值服务商品 ……………………………………………………… 45

政府补贴收益 ……………………………………………………… 115

智能电能表普及度 ………………………………………………… 91

终端用户价 ………………………………………………………… 49

主动削峰负荷量 …………………………………………………… 91

装置使用寿命年限 ………………………………………………… 88

综合能源传输商 …………………………………………………… 44

综合能源服务 ……………………………………………………… 102

综合能源供应商 …………………………………………………… 44

综合能源交易中心 ………………………………………………… 44

综合能源零售商 …………………………………………………… 44

综合能源用户 ……………………………………………………… 44